いち福

小さなだんご屋のはなし

岩間隆司
IWAMA TAKASHI

幻冬舎 MC

『いち福』外観（創業当時・1986年）

仙臺だんご

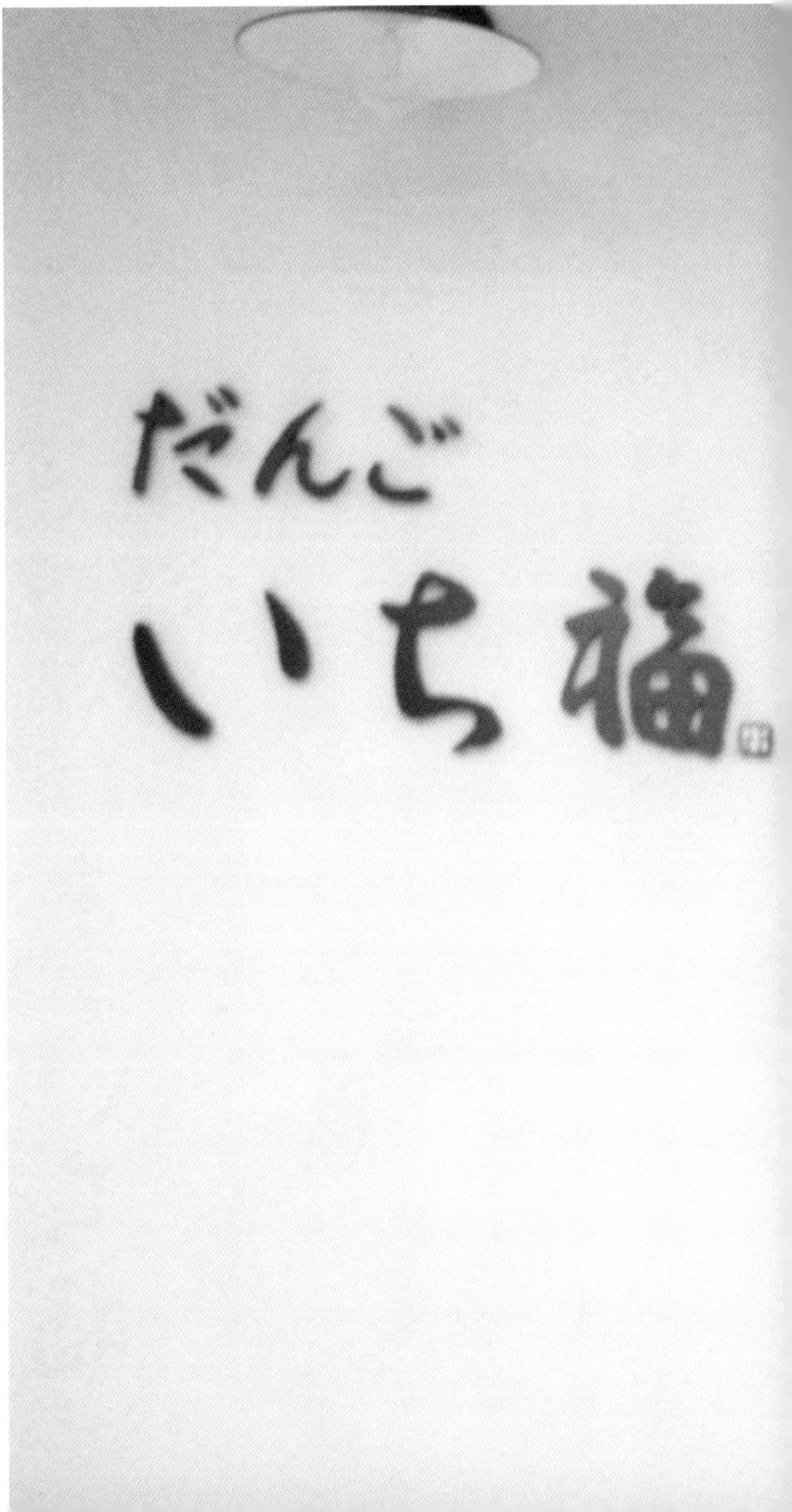
だんご
いち福

仙臺だんご

いち福

だんご
いち福

だんご
いち福

『いち福』外観（2021年）

いち福

小さなだんご屋のはなし

はじめに

隆司の「司」は寿司の「司」である。

私の父が寿司職人だったことからきている名前だ。寿司屋だった実家が、だんご屋になったのは、1986年。私が小学1年のときのこと。その当時は、回転寿司がブームとなっていて、仙台の郊外にも回転寿司屋が次々と開店していた。個人店で経営していた『好寿司』にとっては大打撃だったのだ。ちなみに『好寿司』という店名は、父の名前の「好男」からとったのだそうだ。

好男には妻と三人の子どもがいる。

田舎育ち、七人兄弟の末っ子である父は、中学卒業後、寿司屋に弟子入り。大阪で関西の寿司を学び、東京で江戸前寿司の技術を身に付けた後、母との結婚を機に地元宮城県に戻ると、仙台市郊外の住宅地に『江戸前 好寿司』を開店させた。

好男は、二男一女に恵まれた。三人の子どもはわかりやすく例えるなら「サザエさん」に出てくるカツオ、ワカメ、タラオのような三人だ。長男、竜也は頭の回転が早くお調子者。明るくて、目立つ存在。長女、喜代恵は優等生タイプのしっかり者。優しい性格で気配り上手。次男、隆司はいろんなことに興味津々で、好奇心旺盛だが頑固な一面がある。

これは、そんな三兄姉弟《きょうだい》が将来一緒にだんご屋になる、優しさと感動に包まれた家族の物語、になるかどうかは、私の筆次第なのである。

CONTENTS

ICHIFUKU

第1章 華麗なる変身!?

私、岩間隆司は寿司屋の息子として生まれた。父の店『江戸前 好寿司』は、父の気さくな性格と母の献身的な支えで、本格的な江戸前寿司が食べられる店として繁盛していたようだ。

場所が住宅地ということもあり、お客様のほとんどは地元の方々。地域に根ざした店として、開業以来、10年の月日が経っていた。

お店も順調で家族も幸せそのもの。私たち岩間家の食卓ではいつも笑いが絶えなかった。

「いただきます!」

並べられた料理を見て父が言った。

父が開業した『江戸前 好寿司』の店内

「これ店で食べたら1500円はするな」

「いや、俺だったら1800円は取るね」

お調子者の兄が話を乗っける。

「まぁ確かに新鮮で脂はのってるけど、そこまではしねぇよ」

こんな冗談にもプロの目で話を切り返す父。

「また、同じ話してる。こないだは、はらこ飯に値段つけていたよね」

姉が呆れたように笑う。

「でもうまいだろ。寒い時期のヒラメは身が厚いんだよ。今日の釣りは当たりだったな。こっちの唐揚げもうまいぞ」

「この骨のところがバリバリっておいしいのよね」

父の魚自慢に母も同調した。

「俺は歯が良くねぇから、そこ食えんの羨ましいな。おい、隆司も食ってたかぁ?」

「うん」

私が興味なさそうに答えるとそれが不服だったのか、父のヒラメ談義が加速する。

「ヒラメはさ、昆布締めもうまいんだよ。昆布の表面をさ、日本酒で湿らせんだよ。なんでかわかる？」

「いや」

「日本酒はさ、昆布の旨味を引き出してさ、刺身の臭みを抑えてくれんの。そんで、その昆布にヒラメ挟んで寝かせるだけ。それがおいしいのなんのって。これなら一貫３００円だな」

「いや、手間がかかっているから３５０円」

私と父の会話にまたしても兄が茶々を入れる。

「うける、また言ってる」

姉が喜んでいる横で、突然、母がむせ返った。

「ゲホッ、カッガァー」

一同騒然となり、にわかに緊張感が走る。

「おかぁどうした？　大丈夫？」

「気をつけてゆっくり食べろぉ！　骨引っかかったんだべ。ご飯飲めぇ！　隆司、水持ってきてやれ！」

私が持ってきたコップを姉がゆっくりと母に飲ませる。

「ゆっくり、落ち着いて、水飲んで」

「はぁ、大丈夫、取れた」

「良かったぁ」

「おかぁは、昔っからよく喉に骨刺さんだよなぁ。一回ピンセットさして取ってやったこともあったっけな」

「喉に骨刺さるって。大人であんまり刺さんないよね」

突拍子もない事態に、私はなんだかおかしくなって笑っていると、

「それが、おかぁだ」

と父も笑顔でそう叫んだ。しかし本人はそんなことを気にする様子もなく、残っていたヒラメの唐揚げを懲りずにまた食べていた。

「やっぱりおいしい」

そう言いながら微笑む母に、

「それが、おかぁだ」

と、父が繰り返して家族の笑いを誘った。家族の夕食は、こんな感じで父の話と母の天然でいつも笑いで包まれるのだ。

そんな岩間家と好寿司に襲いかかった回転寿司ブーム。これまでは敷居が高く、特別な

寿司を握る父

ときに食べる寿司が気軽に食べられるようになったのは、間違いなくこのブームがきっかけだろう。

父は明るく親しみやすい人柄ではあるが、仕事に対しては厳しく、職人気質で妥協を許さない。そんな姿勢が10年という長い年月にわたって店を支えてきた原動力となったのである。

岩間家では、普段三食の料理は母が担当しているのだが、たまに近所の石澤さんからいただく高級なお肉や魚は父が料理した。ちなみに、石澤さんとは兄の同級生の石澤誠くんのお家のこと。

誠くんは岩間家では「マービー」と呼ばれていて、昔テレビで放送されていたアメリカのテレビドラマ『フルハウス』に出てくる長女の親友・キミーのような存在だ。小さいころの家族写真には必ず存在する、岩間家を語るにあたっては欠かすことのできない名バイプレイヤーだ。そんな小さいころから家族付き合いをしている石澤家は食通で、いつも岩間家では食べたことのないようなおいしいものをくれる。

「今日も石澤さんのところからホタテいただいたよ」

母が申しわけなさそうに言うと、

「なんだかいつも悪いな。ずいぶんデカいホタテだな。じゃそれ今晩の夕食にいただこうか」

そう言うと父は器用にホタテの殻むきを始める。

「ホタテは上と下があって、少し膨らんで丸くなっているのが上で、平らなほうが下だ。下の貝殻に沿ってナイフ差し込んだら小刻みに動かして、貝殻と貝柱のつながっているところを切り離すだけだ」

と、言うとあっさりやってのけた。

父は寿司職人なので、ホタテの殻むきなど朝飯前でやってしまうのだが、子どもたちに教えながら手を動かすその姿はかっこよくみえた。

「今日のホタテは刺身にバター焼き、天ぷらにするか。天ぷらはおかぁにしてもらって、俺はホタテ切って仕上げるか」

夕食の仕込みが終わった父は、いつものように早めの晩酌を始めて上機嫌に笑っていた。

父は普段、無口なほうで自分から話をしたがるタイプではないが、お酒が入ると途端に話し上戸になるのだ。

「俺は中卒で寿司屋に入ったから学がない。でも、生きていく上で必要な知識と知恵と技術は身に付けてきたつもりだ。これがあれば生きていけるし、家族だって守ってやれる」

父がほろ酔いになって、次の一杯に手酌で酒を注ぎながら続ける。

「一度身に付けた技術や知識は、自分が何かやろうとしたときに必ず役に立つ。だからいっぱいいろんなこと経験して、失敗して覚えるんだ。隆司は好きなこと見つけてなんでもやってみな」

だんだん酔って酒と話のピッチが上がってきた父の晩酌は、母の、

「隆司もお父さんも早くお風呂入んなさい」

で、試合終了となるのだ。

私は子どものころ、父からおもちゃを買ってもらったことがない。正確に言うと私が欲しいというものを父は買って与えるのではなく、何でもつくってくれたのだ。

「乗れる車のおもちゃが欲しい」

友だちが持っていた足で蹴って進む車のおもちゃを見て父にオーダーした。

「わかった。じゃ手伝え」

岩間家には、普通はたぶんゴミだろうというものでもいつか使えるだろうと捨てずに置いていているものがたくさんある。

「裏から木の端切れと段ボール。それと壊れた台車持ってきてみな」

と父は自分の工具箱を広げて、私が持ってきた段ボールをザクザクと切り始めた。

「ここは座れるように段ボール厚めに重ねたほうが良いな」

自分と会話しているように、父はボソボソと話をしながらつくり進めていく。

「台車のタイヤ2つしかねぇからバイクの形にしていいか?」

「別にいいよ、乗れれば」

車が欲しかったというよりは、蹴って進む乗り物が欲しかった私にはどちらでもよかった。

「段ボールって座ったら壊れそうだね」

疑いかけた私の言葉に父は、

「もちろん一枚じゃ座ったら壊れる。何枚か重ねることで壊れないものをつくるんだ。なんだってそうだよ、一人でできないことでも二人ならできることも増える、三人ならもっと増えるだろ。それと一緒だよ。お前たち三人と一緒だよ」

そう言ってできた車輪付きの乗り物に私を乗せて、

「ほら、完璧だ」

タバコを吸いながら父は笑って言った。

父がつくるおもちゃのオーダーメイドに味を占めた私は、たびたびそれをせがんだ。

「刀が欲しい」

「じゃ河原で好きな木の棒拾ってこい」

私が拾ってきた木の棒を渡すと、アウトドア用のナイフを使って、父は器用にその木を削っていく。

「ここは持ち手になるとこだから握りやすくするためにわざと少し凹ませるんだよ」

河原で拾ってきたただの木の棒が、みるみるうちに刀の形に変わっていく。

「どうだ。一回持ってみろ」

「うん!」

手づくりの木刀を渡された私は、嬉しくてその場でブンブンと振って見せた。

「おおっ。まぁ長さも良さそうだな。ただし、人が居るところで使っちゃダメだぞ。広いところで……そうだな、河原行って思いっきり振ってみな、スカッとするぞ」

そう言って父から渡された木刀は、私の手にしっくりと合った大きさだった。持ち手は拾ってきたままの形状を活かした個性的なデザインで、先端は細いがやさしく丸みがあり、自分にあたっても痛くないようになっていて、父の優しさと男心をくすぐるつくりに、子どもながら父のオーダーメイド能力の高さに驚かされた。

父は自分の道具をたくさん持っていて器用になんでもつくった。つくるものには独特のアイディアが組み込まれていて、サプライズさせるのも父のものづくりの真髄だった。

「買ってやるのは簡単だけど、みんな同じの持ってるだろ、それじゃ個性がなくてつまらねぇ。金がなくても考え方でどうにでもできるんだよ。要するに、アイディアだよ」

と言い切る父は、何か自分にも考えがあるように感じた。

「このままの状態で寿司屋を続けては、お客様が減っていくなぁ、どうにかして、家族を支えていける手立てはねぇだろうか」

父は職人というよりは商売人の嗅覚として将来を憂えていた。

当然、一般的に考えるのは、寿司屋としての経営改善。回転寿司にはできない付加価値の付け方や価格設定の見直し、出前などの拡張で販路拡大など、個人店ができる対策を考えるのがセオリーだ。

しかし、父の考えは違った。父のアイディアはときに斬新で人が考えも付かないようなことを思いつく。なんと、根本である寿司を変えたのだ。商売のくら替え。それが〝だんご〟である。

周りから見れば、寿司職人がだんごをつくるなんて普通考えもつかない。完全にぶっ飛んだ発想で、無茶にもほどがあった。しかし、父には確かな勝算があった。

寿司屋仲間の友人に米を使っただんごをつくっている方がいて、

「やってみないか?」

という誘いの話があった。

これまで寿司のシャリとして使っていた宮城県産ササニシキ米は、冷めてもおいしいと寿司屋ではお馴染みの米だった。さらに、擦り潰して練り上げると、もちもちしていて歯切れが良く、独特の食感を生み出すことを、長年の職人経験で、父は知っていたのだ。

そしてそれを、何かに使えないかと、寿司をつくりながらいつも考えていた。

一般的にだんごは、上新粉や白玉粉、餅粉やだんご粉と呼ばれる、うるち米やもち米を

ササニシキと串だんご

ササニシキ

加工した粉を使用してつくられている。

それぞれの原料の特徴にもよるが、基本的にだんごは、柔らかくもっちりしていて、冷めても固くなりにくいのが特徴である。

しかし、父がつくろうとしているだんごは、ご飯で食べる米を蒸し、擦り潰し、練り上げることで餅状にしているのが特徴で、純粋な米の甘みや旨味が濃縮されただんごなのだ。ご飯は噛めば噛むほど甘みが増していく。あんな感覚である。

食感も弾力があり、歯切れが良い。なめらかな生地で、一般的なだんごとは一味違う。一方、この材料や調理法だと添加物や甘味料などを入れないでつくるので、当日中、早めに食べないと固くなるといった難しい特徴もあった。

この思惑は、想像を超え現実をとらえることとなった。ある日の朝、仕入れに行くはずだった魚市場に父の姿はなく、母に寿司屋を辞めてだんご屋をやる決意表明をしていた。

「やると決めたらやるんだ」

あまりのことに動揺を隠せない母。

「どうして急に……」

「昨夜、一晩本気で考えて決めた」

「どうして相談しないの？　今までのお客様はどうするの？」

「……」

それには答えず、母の反対を押し切り、父は今まで使っていた米をシャリではなくだんごに変えた。

今考えれば、子ども三人を抱え、修行時代から考えると20年近く続けてきた寿司の世界からの転職は、相当の覚悟があったのだと思う。そんな状況も知らず、当時の私は好きな食べ物が寿司だったので、だんご屋になった実家には、少しがっかりしていた。

父はだんご屋をやっていた友人からつくり方を教わっていたみたいで、父の2度目の修行が始まっていた。短期間ではあったが午前中は友人のだんご屋を手伝いながらだんごづくりを教わり、午後になると自分の店に戻り寿司屋として使っていた店舗を自分で改装し、なるべくお金がかからないようにくら替えに向けて動いていたようだ。ここでも父のものづくりは役に立っていたようで、とにかく自分でできることはなんだってやっていたみたいだ。

こうして、寿司屋だった実家の『好寿司』は、だんご屋の『だんご　いち福』として再スタートを切り、父のセカンドキャリア、だんご職人としての人生が始まったのだ。

開店して初めて『いち福』に来店していただいたお客様は、好寿司の常連のお客様だったと聞いた。

「いらっしゃいませ、いつもありがとうございます」

「開店おめでとう！　大将待っていたよ！　大将の寿司が食べられないのは残念だけどだんごは楽しみだね！」

「ありがとうございます！　また一からになりますがどうぞよろしくお願いいたします！」

ササニシキ米を使っただんごを販売すると決めて、一念発起で始めただんご屋は、父の根っからの〝商売〟気質と母の温かい接客により段々と地域に認知されていったようだ。

『いち福』オープンの写真

ICHIFUKU

第2章
だんごで勝負

ササニシキはかつて、コシヒカリと並び人気のあるごく一般的な米の品種であった。しかし、1993年の夏、寒く湿った天候不順に見舞われ、悪天候と気温の変化に対する抵抗力が低いササニシキは大きな打撃を受けていた。

それ以降、宮城県の米農家はコシヒカリやひとめぼれなど収穫しやすい品種を多くつくるようになったと言われている。今でも、ササニシキの生産農家は少なく、稀少米として扱われているのが証左でもある。

『いち福』のだんごに使用するササニシキ米は、宮城県の米どころである大崎市でつくられる。毎年、生産者である横山廣さんが丹精込めてつくっているササニシキ米を直接仕入れさせていただいている。

父の思惑通り、ササニシキ米はだんごとの相性抜群で、ほかの米で試してみたが、『いち福』のだんごの特徴である歯切れの良い食感とさっぱりとした味わいは、やはり横山さんのササニシキ以外に考えられない。

「うまいね」

お客様の一言に笑顔になる父。

「しかし、あんまり見ない形のだんごだね。普通のだんごは3玉でまん丸だけどここのは5玉。そんでもって俵型しているね」

「うちはさ、米を擦り潰して練り出してだんごにするんだけど、練り出すときに丸い棒状で出てくるわけ。金太郎飴みたいに」

身振り手振りしながら説明をする父。

「その棒状の生地を5本並べて串を打つの。蒲焼きみたいに。普通のだんごは生地を丸くしてから一個ずつ串に刺して3玉とか4玉のだんごにしていくんだけど、うちは一気に串刺したあと包丁で切って一本のだんごをつくるんです。このつくり方だと一人でつくっても数がつくれるんですよ」

自分がつくっただんごを片手に説明を続ける。

「3玉じゃ口に入れたとき大きくて子どもが喉ひっかけちゃうでしょ。5玉だと1個ずつは小さいから子どもが一口ずつ食べんのにちょうどいいんだ」

父はいつでも子どもやご老人の立場に立ってものづくりを考える。

「デカくて満足する一本もいいけど、俺はもう一本食べたくなるような、食べた後にもう一本に手が伸びるようなだんごを目指してんだ」

自分のつくる理想のだんごに思いを馳せる父。

父がだんご一本に込めた気持ちは今でも伝わる。現在も毎朝つくる5玉の串を見るたび当時の父のお客様に対する優しさが伝わってきて、だんごとともに生きると決めた父の覚悟を感じる。

『いち福』を立ち上げた当初は、好寿司の常連のお客様、近所の方々に来店していただき忙しい日々を過ごしていたのだが、次第に客足が遠のいているのを肌で感じていた。

「昨日買っただんごが硬いんだけど」

お客様からのクレームの電話に母が説明する。

「うちのだんごは次の日には硬くなっちゃうんです」

「でも、こないだスーパーで買っただんごはちゃんと柔らかかったわよ、お宅のは食べられたもんじゃやなかった」

電話越しにも伝わる剣幕に母は対応を続けた。

「説明不足で大変申しわけございませんでした。『いち福』のだんごはお米からつくっておりまして、保存料も添加物も入れないでつくるので時間が経つとどんどん硬くなってしまうんです」

父がだんごをつくり始めた当初から気になっていた課題が現実として突きつけられていた。

（『いち福』のだんごは当日中に早めに食べないと硬くなる……）

覚悟を決めたように目をつぶり、自分の心の奥底を覗きこむような表情で話した。

「変えないぞ。うちのだんごを安心安全に食べてもらうには何も加えない。つくり方は変えない。日持ちしないからたくさん買っていただけないのならそれでいい。その日に食べていただけるおいしい一本だけ買ってもらえたら……それでいい！」

それから父のだんごづくりは一本のおいしいだんごにこだわり、毎朝の気温や湿度に合わせて米の蒸す時間を変えたり、米に吸わせる水分量を調節したりと日々変わる気候のなかで毎日変わらないだんごをつくることに精神を集中させていた。

「いらっしゃいませ、ご注文どうぞ」

「あんこ2本とそれからしょうゆとごまは1本ずつ……それと……ずんだも2本ください」

「ありがとうございます。だんご6本ですね。ただいまあんこ付けますのでもう少々お待ちください」

お客様のご注文をいただいた後で餡を付ける作業は今でも変わらない、『いち福』の串だんごの特徴だ。米からつくるだんごは餡を付けた瞬間から、餡の糖分が生地の水分を吸い上げて、徐々に硬くなっていく。餡を付けた状態でつくり置きしていると、お客様のタイミングによっては硬いだんごを提供してしまうことになる。手間がかかってもつくり置きはしない。これもおいしいだんごを食べてもらうためにやっている『いち福』のこだわりだ。

注文をいただいた母は、ショーケース越しにお客様の前で串だんごの生地にあんこを塗った。

「へぇ、そうやってあんこ付けるんだ、たっぷりでおいしそう」

瞬間お客様の嬉しそうな声が聞こえる

「そう、うちのはあんこたっぷり付けるからおいしいよ」

お客様の笑顔をもらうたび母の手はさらに多くのあんこを付けていく。

「はい、だんご6本お待ちどおさまです」

母があんこを付けた6本入りのだんごのパックは、見た目以上の重量で受け取ったお客様は自然と驚く表情を見せていた。

「ずっしり……重たい」

「なんだかたっぷり付けるとお客さんが喜んでくれるから。こっちも嬉しくて」

母のあんこの量はお客様の笑顔の量だ。

父がだんごの生地をつくり、母がたっぷりのあんこを付ける。『いち福』のだんごのはじまりは、二人がお客様に〝おいしく食べてほしい。笑顔になってほしい〟と心から想った心の形にほかならない夫婦の串だんごである。

だんごづくりは相変わらず試行錯誤しながらの日々が続いていたようだ。そのほかにも創業当初の『いち福』は、だんごのほかに〝ゆべし〟と〝おはぎ〟もつくっていて、そのなかでもゆべしは飛ぶように売れていた。

「ここをこうやって半田ごてでとめるの」

母のやり方を見ながら小学生だった姉と私が真似をする。

「これでいい？」

「大丈夫。上手にできてる。火傷だけ気をつけてね」

半田ごては、ペン先のような形状の金属製の先端部分に電気によって熱を与える工具で、一般的には電子製品の工作のために使うもので、もちろんアナログな『いち福』にとって電子製品なんてものはなく、ゆべしを包装するフィルムをとめるための道具として使っていた。

「喜代恵は器用だね。私より綺麗にできてる。助かるわ」

器用な姉はどんどん作業を進めていく。一方私はというと、

「ねぇ、これはうまくできてる？」

母に私が包んだゆべしを見せると、

「もう1回だね」

母は笑ってもう一度やり直させた。

「これ何個ぐらいやるの？」

先の見えない作業に不安になった私が母に質問した。

「えぇと…まぁ500個ぐらいかなぁ」

と母が言うと、私はその途方もない数に白目をむいた。

「……」

「ほら、やるよ！」

姉はその個数を聞いてさらにエンジンがかかったように作業を加速させていた。

そのころの『いち福』はゆべしをつくる量も増え、個人経営でやっていた仕事は子どもたちが手伝いをすることも多くなっていた。姉は楽しみながら手伝っていたが、私の場合は毎回もらえる100円の手伝い賃のためにやっていた。

さきほどから話をしているゆべしとは、柚子やくるみなどを使ってつくられる和菓子のことで、『いち福』では西日本で主流とされる柚子の菓子ではなくくるみの入った餅菓子をつくっていた。

父がゆべしをつくるきっかけになったのは、母方の親戚の和菓子店『甘仙堂』。甘仙堂

ゆべし

は１９８４年に仙台市袋原の地で現在の社長である菅原秀夫氏により〝ゆべし〟の製造をはじめた和菓子店だった。今では直営店をはじめ、全国の百貨店に取扱店をもつ人気店で、父は当時、甘仙堂の社長に頼んでつくり方を教わっていた。

甘仙堂の〝ゆべし〟は、厳選したもち米による上品な甘さの生地と、そのなかに香ばしいくるみをたっぷり入れてつくるのが特徴で、食感はもっちりとした歯ごたえ、醤油の香りと香ばしいくるみの味が贅沢に口のなかに広がる。一度食べたら虜《とりこ》になるゆべしだ。

そのゆべしのつくり方を教わった父は、『いち福』のメニューとして取り入れていた。くるみが贅沢に入ったゆべしは『いち福』でも創業当時の人気商品となり製造個数を増やしていた。

「ありがとう、助かった」

ゆべしの包装を終えた母は、姉と私にそう言って腕を伸ばし背伸びをした。

「明日また朝早いから。はい、お風呂入るよ」

そう言って店舗の裏にある2畳ほどの作業場の電気を消して、住宅兼店舗となっていた岩間家の2階の住まいに三人で戻って行った。


父の菓子づくりは毎朝4時から始まる。朝一人での作業はだんごをつくるのに4、5時間かかり、その合間におはぎもつくっていた。9時開店を考えると自ずと朝はその時間になる。


8畳ほどの作業場には真んなかに大きな作業台があり、それがその部屋のほとんどを占めている。流し台や米やゆべしを蒸すためのガス式のボイラー、それにだんごを練り出す機械を置いたらお世辞にも広いという空間ではなかった。住まいには父の部屋と呼ばれる場所はなかったが、私から見るとその作業場は父が好きなものに囲まれて過ごせる唯一の趣味部屋のように見えた。

おはぎも創業当初からのメニューで、父のおはぎはつくり方に特徴があった。私はそれを見ているのが好きでよく作業場に行った。

「寿司みたいにつくるね」

父のおはぎづくりを見た私がそういうと、

「そうか？」

「うん。寿司握ってるみたい」

寿司職人であった父が好きだった私には、寿司を握っているようなその手捌きが、なんともかっこよく見えていた。

「このつくり方がやりやすくてな。まぁそう言われると寿司握っているみたいだな。体に染み付いてんだな」

そう言いながら、父は淡々とおはぎをつくっていた。いや、おはぎを握っていた。寿司職人特有の握るリズムが父にもあって、全身で奏でるそのリズムから生み出されるおはぎからは1つできるたびに、

「へいお待ち！」

と聞こえてくるようで、それをずっと見ていられた。

創業当時、おはぎはあんことごまの2種類。寿司に例えるならおいなりさんぐらいの大きさで甘さ控えめ。さっぱりした味わいで飽きずに食べられるおいしさだ。お彼岸、お盆の期間になると、『いち福』のおはぎは1日1000個以上も売れる。期間中は真夜中から起きて父は一人でそれを黙々とつくるのだ。

父はお酒が入ると私にそのときの話を自慢げにするのだ。

「お彼岸の一番忙しいとき俺が1日でつくる〝おはぎ〟の数は、大体何個ぐらいだと思う？」

「全然見当もつかないなぁ……。普段は何個ぐらいつくるの？」

「まぁ数十個ぐらいだべな」

「じゃあ200個」

「いや違う。もっとだ」

「じゃあ500個」

「もっと」

「1000個！」

「いや1400個だ」

「ええっ？　一人で？　つくりきれんの？」

「夜中の12時からつくり始めて朝方4時までは〝おはぎ〟。そっからだんごつくって、そしたらまた〝おはぎ〟をつくって……。開店したらどんどん売れてくから補充補充でずっと」

「すごいね」

「まぁさすがに1400個つくったときは、手痛くなってもう限界だったな」

酒が入って呂律が回らなくなってくるころ、父はたびたびその話をした。酔っているか

おはぎ

ら自分でも同じ人にその話をしていることに気づかないのだろう。私はすでに何十回と聞いていた。でも父が嬉しそうに話すから毎回はじめて聞くように反応していた。

父は酒飲みで甘いものをほとんど食べない。自分でつくっただんごを試食するときも、最小限の量を口のなかに入れて食感と味を確かめる程度。自分から進んで甘いものを食べているところをあまり見たことがなかった。

そんな父のお菓子づくりの基準は〝自分でも食べられる〟だ。『いち福』のお菓子が甘すぎず、サイズも小さめなのは父が辛党であるのが所以である。

だんごとおはぎをつくり、『いち福』が9時に開店すると父はいつものように朝食を食べにいく。開店後は母が接客と販売をする。

だんごとおはぎ、前日に子どもたちと包装したゆべしを並べて、

「いらっしゃいませ」

揺れたのれんに威勢の良い母の声が響く。

このころになると『いち福』もそれなりに忙しくなり母一人での販売も手が追いつかなくなっていたので、石澤さんちのお母さんにも手伝ってもらっていた。

「はやっ！」

機械のように正確にあんこを付ける石澤さんの手捌きに、姉は口を開いたまま出来上がった串だんごのパックを見ていた。

「本当におばちゃんすごい！　早いし綺麗だし！」

「全然そんなことないよ。早いだけでいつも雑ですいませーん」

と石澤さんはほくほくした表情でいつも笑う。

母と石澤さんのコンビネーションは最強で、二人が楽しそうに販売するのでお客様もいつも笑って買いに来てくれた。

「いらっしゃいませ、ご注文どうぞ」

母が注文を受けると、すかさず注文通りに石澤さんがだんごにあんこを付ける。

「それではだんご10本で770円になります」

母がお会計をする。その間にも石澤さんの機械のような手が的確に串だんごにたっぷり

あんこを付けパックへと運ぶ。

「はいどうぞ。お待たせしました」

石澤さんのつくるだんごはいつも綺麗で、しょうゆ、ごま、ずんだ、くるみ、あんこの5種類が2本ずつ入った10本パックが母の手元に届く。

「あれ？　これずんだが入らなくてあんこが4本」

と母が言うと、

「あら。いやだ！　私間違えた。すぐに包み直しまーす。雑ですいませーん」

と石澤さんは笑い、母もつられるように笑う。

「私もやっちゃうから。大丈夫、大丈夫」

と石澤さんに言ったあとに母は続けてお客様に声をかける。

「多く付けた分はサービスだから食べてください！」

とお客様に伝えると、

「えっ⁉　いいの？　ありがとう。なんか得したわ」

と不意のサービスにお客様も笑った。

『いち福』の小さい店内には、いつも母と石澤さんの明るい笑い声が綿毛のように溢れていた。

創業当時から笑顔でお店を支えていただいた石澤さんには、今でも家族でとても感謝している。

朝食を食べ終えた父は、少し休んで作業場に戻りゆべしをつくり始める。ガス式のボイラーに火をつけると、くるみがたっぷり入ったゆべしの生地を蒸籠《せいろ》にセットしじっくりと蒸し始める。その蒸籠がどんどん重なり、そこから上がる湯気は換気扇を通って外の道路まで吹き出している。

その蒸気の量はすさまじく、店の前をたまたま通った人が、

「あそこで火事が起きている」

と勘違いするほどだった。その作業場の換気扇から上がる蒸気はいつしかうちの名物となって、『いち福』が営業していることを知らせる目印となっていた。

午後は比較的落ち着いた時間が続き、父は作業場のパイプ椅子に腰をかけその日の新聞に目を通し始めた。

「石澤さん座って。お茶入れるから」

母が石澤さんに声をかけ、お茶菓子を広げながら二人の井戸端会議が始まる。その後はゆっくりお客様を待つのが午後の楽しみとなっていた。そうこうしていると、学校から子どもたちがわちゃわちゃと帰ってくるので、母たちの午後の優雅なティータイムとはいかなくなるのだ。

『いち福』の定休日は創業当時から変わらず月曜日で、父はよく趣味の釣りに出かけた。

父の釣りは朝が早い。まぁ早いといっても日ごろ4時前に起きている父にとってはなんてことのない時間に家を出る。朝晩の寒さが残る春先の時期は、よくアイナメを釣りに行っていた。

「アイナメはテトラポッドの周りを狙うといいんだ。おっきいのだと50センチぐらいのもいるんだぞ」

そう言いながら、明日の釣りに使う仕掛けをつくりながら笑みを浮かべる父。

「アイナメってどうやって食うのがうまいの？」

父の釣竿のリールを勝手に触りながら兄が聞く。

「まぁ刺身だろうな。脂ののったコリコリの食感はおいしいよな。唐揚げとか煮付け、なんだっていける魚だよ」

「へぇ。じゃ釣ってきたら捌くの見せてよ」

料理に興味があった兄は父にそう言うと、リールを父に渡して遊びに出かけた。

次の日、父は約束通りに30センチほどのアイナメを釣ってきて、学校から帰ってきた兄とともに台所に立っていた。

「まずはウロコな。身が柔らかい魚だから力入れすぎなくていいぞ」

父は手際良くざっざっざっとウロコを落とす。

「胸びれと腹びれの下に包丁入れて。こうやって引いて」

と、アイナメの頭を切り落とすと次は腹に包丁を入れて切り始める。

「そしたら腹割って内臓を出して」

食い入るように見る兄。

「ここは綺麗に洗うんだよ」

そう言って内臓が付いていた腹の部分の血ワタを水洗いして水気をふき取った。

「こっからは3枚な」

続けて三枚おろしの手順を教え始める。

「背びれに沿って中骨まで切れ込み入れて。反対にして腹の方からも切ってくんだ」

寿司職人の技を間近で見ながら自分もやってみたいとうずうずする兄。

「あとは尾っぽの付け根から包丁入れたら……ほら半身だろ。次、竜也もやってみっか?」

「うん」

キラキラと目が光り、いつも大きい兄の目がさらに大きくなった。

「まずは。よーく手洗え」

今までの親子の会話から一変し、親方が弟子に指導するような口調になる父。

「料理を極めるには、食材だけじゃなく道具も重要だ。だから包丁もしっかりとした使い方しないと良い食材も台なしにしてしまうんだ」

出刃包丁を兄に持たせ話を続ける。

「まずは集中しろ。包丁扱うときは焦んなくていいからゆっくりな。怖がることはないから集中だけしろ」

父は兄をまな板の前に立たせた。

「背びれに包丁沿わせて切ってみろ」

兄はゆっくりと魚に包丁を入れる。

「そうだゆっくりでいい」

魚に顔がくっつくかと思うくらいに兄の集中力は高まって、ゆっくり動く刃は確実に進んでいた。綺麗に捌かれた切り身を見て父は、

「綺麗な3枚だ」

満足げに笑い、親方から父親に戻った。

兄の三枚おろしは父親に見守られながらのデビューを果たした。

それから兄は父が料理をするたびに横にポジションを取り、父の技術をじっくり見ることが多くなっていった。

「だんごはみんな好きだしね。何より安くて買いやすいよ。だんご屋が当たってよかったね」

そんなことを言われ始めたのは、『いち福』創業から10年くらい経ったころだった。

魚を釣り上げ、嬉しそうな父

そのころは、近所や地域の方々に支えられ、少しずつだが常連さんも多くなっていた。しかし、そんな評判も父は腑に落ちなかった。

「あぁ頭にくるな」

だんご屋が当たったという言葉に父は腹が立っていた。

「宝くじでもあるめぇし。別に偶然当たったわけじゃない。うめぇだんごを皆さんに食べてもらいたくて、おかぁと一緒にやってきた結果だ」

普段穏やかな父もこのときばかりは感情をあらわにしていた。そんな父に母は、

「いいじゃない、言わせておけば。お父さんの頑張りは私が一番知っている。二人のなかにその気持ちがあればそれだけで十分幸せよ」

父は母の言葉で救われたそうだが、周りからはしばらく、

「転職して良かったね」

「くら替えは正解だったな」

などの声をかけられ、それを聞くたび、やっぱり腹が立っていたそうだ。

息子が言うのもなんだが、父はあのまま寿司屋を続けていてもうまくやっていたと思う。父のお客様に対するものづくりは寿司だろうがだんごだろうが変わらなかっただろう。

そして、母の献身的な支えも同じだ。二人で立ち上げただんご屋は、決して順風満帆とはいかなかったみたいだが、10年以上続けてきたその事実が二人の頑張りの証だ。

串だんご

二人がこだわっただんごは、もちろん今の『いち福』でも受け継がれている。串だんごの味は、しょうゆ、ごま、あんこ、ずんだ、くるみ、きなこ、磯辺（現在は焼きだんご）の7種類。

「しょうゆ」は、昔ながら愛される飽きのこないおいしさ。「あんこ」はこし餡で、生地との相性抜群の王道。黒ごまあんがたっぷり付いた「ごま」は、口いっぱいにごまを感じられる一串となっている。

ここからは変わり種というか変化球というか、バリエーションの商品。仙台名物を目指す「ずんだ」は枝豆からつくるペーストを使用し、見た目にも鮮やかでさっぱりとした甘みが特徴だ。「きなこ」は珍しいが、ほんのり優しいきなこの香りは素朴でどこか懐かし

焼きだんご

い。

個人的には、「くるみ」がおすすめ。濃厚でコクのある味わいは、一度食べたら病みつきになる。荒く砕いたくるみの食感が口のなかでいいアクセントになり、食べた人を虜にする。

そして、意外に思われるかもしれないが、「磯辺」が『いち福』の一番人気。現在は、「焼きだんご」として販売しているこのだんごは、串だんごのなかで唯一焼いた商品で、その香ばしさが特徴。

表面にたっぷり塗られたしょうゆだれは甘さとしょっぱさのバランスが抜群で、年齢問わず幅広く味わえると、午前中に売り切れるほど。

昔は、その焼きだんごに海苔を付けて、

磯辺だんご

「磯辺」として販売していて、多くのお客様に愛されていたが東日本大震災の津波の影響で状況は一変。

8割の海苔の生産施設が流失し、宮城県の海苔産業は、存続の危ぶまれる壊滅的状況になり、海苔の流通も市場では滞ってしまった。それ以来、『いち福』の「磯辺」は、焼きだんごとして販売するようになったのである。

今でも、当時のお客様から、「磯辺だんごはまたやらないの？」「あのだんごおいしかったよね」と言われる。

もちろんつくらなくなったわけではない。あれから長い年月をかけて復興した宮城県のおいしい海苔を使って、最高の磯辺だんごとして復活させる予定である。

それぞれに人気がある7つの味が用意された『いち福』のだんごだが、繰り返し言っているように、生地はササニシキを蒸して擦り潰して練り上げただけのシンプルなもので、いわゆる米の甘みだけでできた生地となっている。

なので、その分、あんこをたっぷり付けて甘みを加えている。その1串にあんこがたっぷり付いているさまは、『いち福』の串だんごのウリの1つでもある。一口食べると口のなかに広がる、もっちり食感。生地とあんこの絶妙なバランス。優しく甘い幸せが一本の串だんごに詰まっている。

『いち福』の串だんごに対する愛情が深すぎて、熱くなってしまった。しかし、自分で言うのも何だが、一度食べていただきたいだんごである。

「いらっしゃい、いつもありがとね。今日は何にする？」

「んー、しょうゆ」

「しょうゆね、じゃ77円」

「はい、23円のお釣りね」

「ありがとねー」

創業当時は、手軽に買えるようにと、１本77円で販売していた。実際に、子どもが１００円玉を１枚握り締めて買いに来る。『いち福』の当たり前の風景で、父と母の気持ちが表れた価格であった。

２０２１年、『仙臺《せんだい》だんご　いち福』として、現在も毎朝手づくりでだんごをつくり続けている。増税や原料の高騰もあって価格は上がってしまったが、だんごは１本97円。まだギリギリ１００円で買える値段である。「なんでこんなに安いの？」とよく聞かれるが、これは紛れもなく『いち福』のこだわりである。

ICHIFUKU

第3章 不意に訪れた転機

「自分がやりたいと思うことをやりなさい」

「決めたことは身に付くまでやりなさい」

「自分に何もないときは上を向いて笑顔でいなさい」

これは、私が父に言われた言葉である。

『仙臺だんご　いち福』の三兄姉弟には、それぞれ前職がある。

「自分がやりたいと思うことをやりなさい」

その言葉通り、私たち三兄姉弟は店を継げとは言われずに、本当に自由に好きなことをやらせてもらった。

長男、竜也はバーテンダー。

都会に出たい、モテたい、酒が好きということから、東京・銀座でバーテンダーをしていた。性格は子どものころと変わらず、とにかく明るく、人当たりが良い、接客向き、まさにカツオそのものだ。

長女、喜代恵はパン職人。ものづくりがしたい、食べるのが好きという想いが募って、一度就職した会社を辞めて趣味であったパンづくりを本業として、パン職人となった。丁寧で器用なところは父親譲りだ。こちらも性格は真面目でしっかり者のワカメだ。

次男、隆司、つまり私は美容師。ファッション好き、自由でいたい、髪型や服装に縛られない仕事をしたい。今思えば、まったく実のない動機である。性格は、新しい物好き、天邪鬼。頑固さだけが残ったタラちゃんに、かわいさは微塵もない。

このように、私たち三兄姉弟は勝手気ままに社会に出て働いていた。三人の唯一の共通点は、お客様に直接届く仕事をしていたということ。顔は似ているが、中身はまったく別の三人が、今後だんご屋を一緒にやることになるなんて、そのときは、誰も想像できなかっただろう。

しかし、三人を結びつけたのは喜ばしい出来事ではない。むしろ悪い知らせだった。

「父が倒れた」

それを聞いたのは、2007年のこと。

そのころ私は一応、いっぱしにお客様の髪を切り、スタイリストとして美容師をしていた。その仕事をしている最中に連絡が入ったのだ。

家族で病院に駆けつけ、先生の話を聞いた。

「心臓に負担を抱えていますが、今のところ命に別状はないですね。まぁ、無理せずしばらく安静にしてください」

毎朝、当たり前としてやっている父の仕事は、周りから見ればけっこうハードで、午前4時から始まる作業は、立ちっぱなしの肉体労働だった。午前9時の開店に合わせて一つ一つ手づくりしていて休む暇もない。

個人店でのお菓子づくりは、体力が必要な仕込みの作業、繊細な細かい技術が必要な仕上げの作業、販売、接客、在庫管理、商品開発など、細かくあげればキリがないほどやる

三兄姉弟の子どものころ

父と『いち福』のシャッター

ことが多い。17時に暖簾を下げるまではバタバタと働いていて、それを父と母二人で20年以上やっているのだ。

60歳近い父の年齢を考えれば、体のどこかにガタがきてもおかしくはなかった。ひとまず父の命に別状はないとほっとはしたものの、やはり今まで元気に働いていた一家の主人の突然の病に家族の動揺は大きかった。

その後、母親を中心に兄姉弟三人で今後の『いち福』についての話をしたことを覚えている。

「お父さんは『自分の代で店を閉めてもいい』って言ってる」

「いや、もったいないでしょ、せっかくこれまで続けてきたのに」

「んーまぁ、そうだけど」

「それなら、俺が継ぐよ。仙台に戻ってきて俺が継ぐ」

兄がそう言うと、

「私が手伝うよ。おとぉとおかぁもいい歳だし、心配だから」

「じゃ、俺もやる」

と兄姉弟三人で店を手伝うと言い出した。

「だめ、隆司は美容師を続けていったほうがいい」

この姉の言葉に母も同調した。

「せっかく手に職を付けて美容師になったんだから、隆司は続けなさい。普通は、長男が継ぐのがいいと思うけど、でもまぁ、喜代恵に手伝ってもらうのは助かるかな」

母は兄が継いでくれるのは理想的だが、県外にいて結婚をしていた兄よりは、現実的に姉が手伝ってくれる方向で考えているようだった。

父と母が続けてきた『いち福』を存続させたいという気持ちは、家族みんな同じだった。そして私はできるなら岩間家全員で一緒に働きたいという想いもあった。

ただ、それぞれの意見があるなかで「家族みんなでだんご屋をやろうよ」なんて、心で思っていても言うことはできず、みんなを説得できるほどの覚悟もイメージもあるわけがなかった。

ただ確実に言えるのは、自分のなかで将来、「三兄姉弟で父のだんご屋を継いでいきたい」と最初に思ったのは、父が入院している病院の待合室でのこの家族会議だった。

父と一緒に酒を飲む機会も増えた。若いころから今まで、父のエピソードを語る上で、酒の話が欠かせないほどの酒好きである。

日ごろ、口数が多いほうではない父は、酒を飲むと話し上戸になる。寿司屋だったころの話から始まり、だんご屋に転身したエピソードでエンジンがかかり、おはぎを一人で数千個つくったという自慢話で酔い潰れる。お決まりのパターンだ。

一緒に酒を飲むたびに同じ話を聞かせられるのだが、不思議と毎回話に引きつけられる。父の笑顔と話し方には、人を引きつけ虜にさせる力があった。まさに人が好きになる男、好男だ。

この父が倒れたという一件以降、私は美容師としての働き方、これから自分がやりたいこと、家族のこと、などをいろいろ考えるようになった。

父が寿司包丁を置いたときのような覚悟はまだなかったが、このまま美容師を続けることにはいささか疑問が残っていた。それでも、私には美容師としてまだやり残したことがあった。それは、自分の店を持つということだった。

「決めたことは身に付くまでやりなさい」

「身に付くまで？」

「別に何やってもいい。好きなことやればいい。けど中途半端にやめたら何にも残んないぞ」

父との会話を思い出す。

昔の家族写真

「中途半端って、どこまで続ければ身に付いたことになんの？」

「やるって決めて、自分が決めた目標まではしっかりやり抜くことだよ。その目標は小さくてもデカくてもいいんだよ。身に付くまでやんの」

「目標ねぇ……」

「そしたら、次、何かに挑戦するときは、自分がやっていたことが力になるし、支えになるよ」

父は手酌で注いだ日本酒を飲みながら、学生だった私に語っていたっけな。

美容業を志したとき、「いずれは自分の店を開くんだ」という想いでやってきた。それは私にとって、身に付くまでやるという教えのなかの一つであった。

私は覚悟を決めたら行動は早い。自店舗を開業するために、7年間お世話になった美容室を辞めることを決めた。

美容専門学校卒業後、何もできなかった私に鋏を持つことの楽しさを教えてくれた美容室は、私の人生を語る上で、とても重要な人間関係を築けた場所でもあった。この美容室での人間関係は、今でも私に笑いと刺激を与えてくれる。

それから、いろいろな人たちの助けもあって、私は仙台市郊外で小さな美容室を始めることができた。個人店で一人で美容室をやっていくことで、今まで味わうことのできなかった経験をすることができた。

寿司職人修行時代の父

何より、一人ですべての作業をすることの大変さは、父親の仕事を見てきたつもりではあったが、実際にやってみると、これまでとは全然違う景色だった。

技術・接客はもちろん、経営、運営、経理、管理なども、自分の判断で決定し、結果を出さなければならない環境で、1日をやり終えた後の充実感は何にも代えがたいものがあった。

毎日山登りをしているような感覚で、ゆっくりスタートし始めて、自分のペース配分で登っていく。平坦で登りやすい道もあるが、急な勾配で苦戦するときもある。いずれの道も歩き方を自分で考え頂上を目指す。1日働いた後にビールをあおりながら味わう充実感は、山の頂上についてコーヒーを飲んだときの充実感に似ていた。

自分で時間がつくれるというのも、個人でやって良かった点である。時間は大切だというが、若者にはその意味がいまいちわからない。

自分がやりたいと思ってやっているときほど時間は早く感じるし、やりたくないことをやっている時間は当然長く感じる。若いころは誰かからやらされていることが多いから、あんなに時間を長く感じていたのかな、と振り返れば気づくのだ。

確かに今は、自分がやりたいと思うことを優先的にやっている。そうするとやっぱり時間が足りないと感じる。

時間の進み方は変わらない。時間の使い方は人それぞれ。1時間、1日、1年、時間を感じる速さも人それぞれ。不思議だった。生きている限りこの不思議が解けることはなさそうだ。

しかし、この時期も、やりたいこと、やらなければならないこと、やるべきことを小さい脳みそをフル回転させ、自分なりに考えながらやっていた。実家のだんご屋が忙しいときには両親の手伝いをしたり、自分のスキルを上げるために整体やエステの勉強もした。一人で富士登山に挑戦したのもこの時期だった。

そのころ、姉の喜代恵はパン屋を辞め、すでに『いち福』の一員として父と母とともに働いていた。姉は小学生時代から父の作業場に行くのが大好きだった。

「これ食べて学校行ってきな」

父はだんご1玉を串に刺して、小学生だった姉と一緒に通学していた友だちに差し出した。

「ありがとう！」

「おいしい！」

と友だちが言うと父は笑い、

「これで元気もりもり！　気をつけていくんだぞ」

と小学校へ送り出すのだ。

「いってきまーす！」

だんごを噛みながら元気な声で登校する。

姉は友だちが喜ぶ姿が嬉しくて、毎朝学校に行く前は必ず友だちを連れて父のところに寄り、だんごをもらってから登校していた。

学校から帰ると私はランドセルをぶん投げそそくさと遊びに行ってしまったが、姉は『いち福』の作業場に行っていた。

「学校楽しかったか？」

「うん。今日は体育で縄跳びしたよ」

と、学校での出来事を父と母に話すのが日課となっていた。小さいころの姉は、『いち福』の手伝いを積極的にしていた。両親に頼まれてやるというよりは自分からやっていた。父がやっていることは全部やってみたくて、ちょこちょこ手を出してやらせてもらっていた。

「次はこれやらせてもらっていい？」

「おっきいのは難しいからこの端切れきってみな」

大きく1枚に蒸しあがったゆべしを1つずつに丁寧にカットする父の作業にかっこよさを感じて、自分でもやってみたいという気持ちが前に出る。そんな時、父はダメとは言わず子どもがやりたいと思ったことは少しでもやらせていた。

「楽しい！」

姉はそう言いながら無邪気に笑う。

「そうか。喜代恵はお手伝い好きか？」

「うん。好き。楽しいし喜んでもらえるから」

「嬉しいな。また手伝ってな」

「うん！」

娘の言葉に父と母はとっても癒されていた。

喜代恵の写真

喜代恵の恵という字は、誰に対しても分け隔てなく接することのできる思いやりに満ちた人生を歩めるようにと願いを込めた漢字だ。人の喜びを自分の喜びにすることができる姉は名前通りの性格になっていた。

姉は高校を卒業して鉄道会社の請負いの会社の事務員として就職した。私から見ると順調な進路設計だと思っていた。

しかし姉本人は、鉄道が好きな「鉄子」でもなければ、輸送や物流といったロジスティックスに興味があったわけでもない。多くの田舎で育った人が選ぶレールに乗っかっただけなのだ。それでも相変わらずの真面目な性格で事務員としての仕事をしっかりこなしていた。

このころの姉の趣味は仕事先の上司の奥さんとのお菓子づくりだった。

「今回のシフォンケーキうまくいきましたね。次はまたパンつくりませんか？」

「いいね。こないだの丸パンもおいしくできたしね」

「つくるって楽しいですよね。うちも父がだんご屋やっていて小さいころから菓子づくりは見ていてたまに手伝っていたりはしたんですけど、本格的に一から自分でやってみるとこんなに楽しいなんて思わなかったですよ」

「喜代恵に合ってると思うな。なんかイキイキしてるし」

上司の奥さんから言われた「合っていると思う」という言葉に姉の心は動かされていた。

その後どんどんお菓子づくりにのめり込み、特にパンをもっと勉強したいと思いはじめた。

自分でパンをつくることは、まるで子育てをしているような感覚に似ていた。とはいっても実際にそのころは子育てなんかしたことはなかったが、愛情込めて手ごねたパンが発酵してむくむくと大きくなるさまは子どもの成長のように感じられて、愛おしく思えていたようだ。

小麦粉、パン酵母、砂糖、牛乳、卵など材料を調達するのも楽しかった。たまに行く業務用スーパーで材料や道具を見ていると時間を忘れて買い物をした。それと同時に、自分の将来についても憂えはじめていた。

そんなある日、姉は父と母の前で自分の想いの丈を話しはじめた。

「もう決めたの。東京の専門学校だって自分で調べた。お金もおとぉ、おかぁに負担はかけない。今まで少しずつためてきた。だから私の思うようにさせて」

「けどせっかく安定した今の仕事辞めてまですることなの？　趣味で続ければいいじゃない」

母はお菓子づくりをする姉には賛成していたが、会社を辞めることに対しては猛反対していた。

「自分のやりたい道が決まったの。今までは仕事って働いて給料もらうことだって思っていたけど、これからは好きなことを仕事にしたいって思ったの。今までみたいに安定した給料がもらえるような仕事じゃないかもしれないけど、それでもやりたい」

黙って聞いている父の横で母が言う。

「でも私はやっぱり反対。せっかく就職したんだからもったいない」

その日は、母と姉の話し合いは平行線で、交わることがなかった。ずっと黙っていた父は一人になった姉に声をかける。

「おとぉは絶対反対しない。喜代恵が自分で決めたことなんだから応援する。おかぁは心配性だ。だから気持ちもわかってやれ。本当に否定してるわけじゃない。応援したいんだけど気持ちの整理が追いつかねぇんだ。もう少し時間が経てば、おかぁだって絶対喜代恵を応援する。当たり前だ。親なんだから」

自分が転身したとき、母は反対しながらも最終的には納得して全力で支えてくれた。そのときのことを思い出すと、父は母の気持ちがわかっていた。そして、相談もなしに自分で行動して結論だけを親に伝えた娘に（自分と同じじゃねぇか、やっぱり親子だなぁ）と自分を見ているような感じがして苦笑いしていたんだと聞いた。

それからは父の言う通り、母は時間をかけて姉の行く道にゆっくり寄り添って一緒に歩いてくれた。岩間家の箱入り娘が、箱を飛び出し自分の夢に向かいだした。

「いってきます」

「気をつけてね。しっかりご飯食べんのよ」

新幹線のホームで母は娘に声をかけた。

「うん。大丈夫」

「なんかあったらすぐ連絡しなさいよ」

心配性の母は、自分も新幹線に乗り込むのではないかというくらいに姉に声をかけ、姉は母のその気持ちに優しさを感じ、しっかり勉強してもどってくると覚悟を決めた。

それから東京での専門学校生活は製菓の勉強に明け暮れ、おいしいと聞いたパン屋さんにはとにかく足を運んで購入し、毎日のようにパンを食べた。そんな日が続くうち、あっという間に1年が経った。その後帰ってきた姉の外見は少しふっくらしていて東京でのパン生活を物語っていた。

仙台に戻った姉はすぐに就職先を見つけ働き始めた。パン屋の仕事は朝が早い。午前5時から仕込みがはじまり、小麦粉にバターや卵などさまざまな材料を混ぜたら、生地を仕込んで発酵させ、成形し焼き上げる。数十種類のパンを焼き上げる順番を考えながらつくり、出来上がったパンを陳列して開店時間に間に合わせる。

開店後も次々とパンを焼き上げ、ランチタイムに向けてパンを陳列する。途中、スタッフ間で交代しながら休憩を取り、追加でパンを焼いたり、夕方になると翌日につくるパンの仕込みを始める。8時の閉店に合わせて厨房や道具の片付けをしてパン職人の1日が終了する。好きでなければなかなか続けられないハードな仕事だ。その点で言えば姉のパン好き、ものづくり好きはそんなハードな仕事でも楽しく続けさせていた。

姉は休みの日にたまに『いち福』を手伝っていて、父と母の年齢を気遣いながら自分にできる親孝行をしていた。親孝行と言っても父の背中を見ることで、さらに自分のものづくりに対する考え方をあらためて教えられるいい機会ともなっていた。

「ここは消毒するといいよ。パン屋の厨房でもけっこう気にしてやっている」

姉はパン屋でやっている消毒法を父と母に教えた。

「そうか。確かに見落としていたかもしれないな。今度からやってみるか。なぁ、おかぁ」

感心している様子で話す父。

「そうね。喜代恵がいると心強い。いろいろ教わんなくちゃね」

姉が手伝ってくれることを母は嬉しく思っていてニヤニヤと笑う。

「今度の休みも手伝えるよ」

「いいのよ。二人でゆっくりやるんだから。つくれる分だけ、やれる分だけやるんだから。たまには出かけてみれば」

「出かけるっていっても私パン屋ぐらいしか行きたいとこないし。あぁ……、でも確か長町に新しいお店できたって。そこ行ってみようかな」

姉のパン屋めぐりは仙台に帰ってきても続いていた。

「あぁ……、疲れてきちゃった」

午後の時間になると口癖のように母から漏れる言葉。

「いいよ。休んで。あとはやっとくから」

母の言葉に姉が答える。

「じゃ少し休むね」

「うん。大丈夫。ゆっくり休んできて」

母は姉に促されるように休憩をとりにいった。

「おとぉも疲れたら休んでいいよ。私やっとくから」

「いや大丈夫だ。自分でやるから。ありがとう。喜代恵も疲れたら無理しなくていいから休めよ」

自分の仕事は最後まで責任をもってやる。途中で投げ出さずに妥協しない菓子づくりは父と姉の共通点だ。父は背中でいろいろなことを教えくれる。姉はそれを見ているのが何よりも勉強になっていた。

そんなときに起きた父の一件。姉は『いち福』を手伝うなかで、自分の〝ものづくり〟はパン職人じゃなくても叶えられる、『いち福』で父と母を支えながら自分のやってきたパン屋での経験を活かし、パン職人から菓子職人へ転身しようと考えていた。

「私が手伝いながら、おとぉとおかぁと一緒に『いち福』をするよ」

姉の言葉に父も母も少し安心して兄と私も納得した。パン職人から菓子職人となった姉は、オーブンから蒸籠に道具を替え、姉の丁寧な仕事ぶりと器用さは、『いち福』にとって欠かせない存在となっていった。

ICHIFUKU

第4章
支えたのはだんごと絆

その日……日本中が悲しみに包まれた。

美容室にいた私は、お客様から紹介していただいた新規のお客様をお迎えしていた。

「御来店ありがとうございます。はじめまして、岩間と申します。本日はよろしくお願いいたします」

事前の予約でパーマを希望されていたので、髪のカウンセリングと施術をスタートさせた。

「毛先にゆるく動きをつけるようにパーマをかけますので、少し傷んだ部分はカットさせていただきますね」

カット、カラー、パーマその他、セットやヘアケアなど美容師の仕事内容はどれも好きだったが、そのなかでも特にカットが好きでショートヘアやボブヘアといったカットラインが際立つような髪型をつくるのが好きだった。

「頭の形や髪質、生え癖などを細かく見て髪の流れる方向をみているんです。小さい店ですが一人でシャンプーからカット、パーマ、セットまでするので気になることあったらすぐにおっしゃってくださいね」

私が一人でやっていた美容室は、お客様を掛け持ちで施術することがなかった。パーマやカラーをご希望のお客様は、最低でも2～3時間ほどの余裕をもった予約をとっていた。そのおかげでお客様とのコミュニケーションやカウンセリングに時間をかけられた。

「そうですか。この後は息子さんとお出かけなんですね。楽しみですね」

中学生になる息子さんと夕方買い物に行く予定を立てていて、イメージチェンジした髪型を見せるのを楽しみにしていた。

「息子さん喜ばせましょうね」

カットは段差のつけ方でシルエットやボリュームを調節する。毛先の切り方でも髪型に与える印象が変わる。カットを終えた私はパーマの準備をしていた。

「少し揺れましたね。最近地震多いですね。こないだも震度4くらいの地震があったばっかりですしね。なんか嫌ですね」

少し揺れた地震に、パーマに使うロッドケースがカチャカチャっと音を鳴らした。

「では、ロッド巻いていきますね」

毛先に大きめのロッドを巻きパーマ液を付けると、店内は一気に美容室特有の香りに包まれた。

「少々お時間をおかせていただきます」

パーマの待ち時間は不思議な雰囲気が漂う。特に新規のお客様にとってはシャンプーがスタート、ブローやセットがゴールだとすると、パーマは中間地点なので期待と不安を一番感じる時間帯。美容師にとってその折り返し地点は重要なポイントのように感じていた。

「お薬沁みたりしてないですか？　よかったらお飲みものどうぞ」

この時間はなるべくお客様を気にかけるように心がけていた。

「それではこちらで流しますね」

ロッドを外しパーマ液の付いた髪を洗い流すためお客様をシャンプー台まで誘導した。

「お湯加減はいかがですか？」

くるりとカールのかかった髪を洗い流してトリートメントをした。

「では起こしますね。お疲れ様でした」

お客様の首元に手を添えながらゆっくり起こし、パーマのかかり具合を確認しながら濡れた髪をタオルで包む。

「さきほどのお席でブローしますね」

お客様をセットブースへ誘導し、ドライヤーのコンセントを入れた。

「濡れたときに少しスタイリング剤を付けるとパーマの動きがはっきり出せますよ」

かかりたてのパーマを見てお客様が微笑んでくれる。その明るい表情は満足してくれているように思えた。美容師をやっているとこの瞬間がたまらなく嬉しかった。

「息子さんとデートですもんね。素敵に仕上げさせていただきます！」

お客様がデートじゃなく、ただの買い物、と笑っているときだった。

「また揺れてますね」

さっきの小さい揺れの感覚が少し残っていた。そんなタイミングでまた地震がきた。

「さっきよりも長そうですね」

ドライヤーの電源を切りコンセントを一旦外そうと手を伸ばしたとき、横に揺れていた地震は大きな縦揺れに変わった。立っているのがやっとの状態で声を上げる。

「頭隠してください！」

頭を手で覆いながら身をかがめた。

「とにかく落ち着くまではこのまま！」

右手でお客様の座っている椅子を押さえ、左手で近くに置いてあった本棚を押さえながら止まる様子がない揺れに耐えていた。

「わぁ！　消えた！」

一気に視界が暗くなった。激しい揺れが続くなか停電が起きる。

バリバリ！　ガシャーン！　ドゴッ！

暗くなった店内には、お客様の悲鳴とガラスが割れる音や物が激しく落ちる音が鳴り響いていた。このままずっと揺れが止まらないんじゃないかと思ってしまうほど長い地震に恐怖を感じていた。

「大丈夫ですか？　お怪我はないですか？」

膝が震えているのか、まだ揺れが続いているのかわからない感覚で窓からのわずかな光のなかでお客様に声をかけた。

「すぐに行ってあげてください！」

お客様は、学校から帰って家に一人でいる息子さんが気になっていてすぐに戻りたいと言う。携帯電話の灯りで足元を照らし店の玄関まで誘導した。預かっていたコートとバッグをお渡しすると、お客様がお金を支払おうとしたので、

「この状況でさすがにいただけません。とにかくすぐに戻ってあげてください」

お客様がお帰りになって、あらためて店の状況を確認した。暗いなかで十分な確認はできなかったがバックルームは荒れ果てていて、いたるところにカラー剤やロッドが散らばっていた。

店内もディスプレイしていたガラスケースや陶器などの置物が割れて床に散乱していた。どうにかしようにも停電した暗い部屋のなかでは、どうにもこうにも手のつけようがない状態だった。

ビルの1階にあった店は少し奥まっていたところにあったのでわずかな光が店内に差し込むだけだった。表の状態もどうなっているのかわからなかった。

（何がどうなってんだ……）

店のドアを開けて店外の状況を確認した私の目に飛び込んできたのは、建物から次々と人々が出てくる光景だった。道に人が溢れていてそれだけでも異様な雰囲気に包まれていた。

（家は大丈夫か？）

上着のポケットから携帯電話を取り出して電話をしてみるが、回線が混雑していてつながらない。

（とにかくここでオロオロしているより家に一度戻ろう）

自分の荷物を取りに戻り店を出ようとしたとき、たまたま目に入った受付のテーブルに置いていた予約表をなぜか手に取り、店のドアに鍵をかけた。今すぐ使うわけでもない予約表を持っていくほど自分が動揺していたのを思い出す。ビルの駐輪場に自転車を取りにいくと、自転車もバタバタ倒れていて今回の地震の強さを物語っていた。

店から実家の『いち福』までは自転車で20分ほどの距離。通勤で普段見慣れた街並みは様変わりし、店舗や家のガラスが割れ道路が捲れ上がっているところもあった。

(新幹線が停まってる……)

帰り道、広瀬川に架かる橋を渡りながらふと陸橋を見ると、新幹線が立ち往生していた。その光景に自転車をこぐ脚が思わず一瞬力をなくす。

(ますます家が心配だ！　親は大丈夫か？　姉は大丈夫か？)

時折り真っ白になる頭を横に振り、嫌なイメージを捨てていくようにとにかく自転車を走らせた。家に着く前の最後のカーブを曲がると母と姉の姿が見えた。

「大丈夫だった⁉」

「すごかったよねぇ……。怖かった……」

震えた声で母が答える。自宅の前にはとにかく怯えて不安な母と、そこに寄り添う姉がいた。

「おとぉは？」

「市民センターに行ってる。隆司は大丈夫だった？」

父は町内の役員をしているので、近くのコミュニティーセンターに行っているみたいだった。

「まぁなんとかね。店はぐちゃぐちゃ。こっちは？」

「もうわかんない。自宅は、はちゃめちゃだし、怖くて2階には上がってないし。とにかくすごかったから」

そんな話をしている最中も余震が続いていて、揺れるたびに母は姉の腕を強く握りしがみついていた。自宅も店も足の踏み場がなく、余震が続いていたのでとにかく外でウロウロするしかなかった。私は呆然としながら、ふと、普段は気にすることもなかった『いち福』の外観を見た。

『いち福』は、住まいと店舗が隣り合わせになっている店舗併用住宅で、築30年だった。もともと老朽化していた建物は、さきほどの地震によりさらに年を取ったように感じられた。壁にはシワのようなヒビが無数に刻まれている。日ごろ開きづらかった玄関のドアがスムーズに開くようになったのは、良くも悪くも家が歪んだせいだった。

「水道は今のところ使えそうだな。電気とガスはだめだな。おかぁ、懐中電灯あったよね？　あれ？　雪だ！」

仙台市上空には大粒の雪が降り出した。

大地震の後に追い討ちをかけるような雪は、急激な恐怖を煽り不安が波のように押し寄せてきた。

（世界が変わってしまったんだ）

と、先の見えない不安に声も出せず雪の降る灰色の空を見上げた。

父は地震発生直後から、町内の役員の方々と近くのコミュニティーセンターで被害状況の把握、今後の対策や地域の見回りなどへ動いていた。

雪は積もるほどでもなかったが、気温はぐんと下がり一気に体温を奪われた。

「俺、2階に上がってみるよ」

自分の部屋がどうなっているのか気になっていた。懐中電灯を片手に軋んだ音がする階段を登ると、正面に扉の開いた和室がある。その部屋は南向きに位置していて日当たりがよかったので、普段は母が植木や観葉植物を置く場所に使っていた。

「うわぁここもすごいな」

植木の鉢が倒れて、割れた鉢からは土が部屋中に散らばっていた。

(こりゃ片付けんの大変だぞ)

畳の間に詰まった土を見て自分の部屋を見るのが怖くなった。姉の部屋は扉が閉まっていて、その奥が私の部屋だった。恐る恐るドアノブに手をかけ開けようとしたが何かが邪魔をして開かない。その時点で部屋がいつもの状態でないことが想像できた。

「おらぁ!」

体をドアに押し当ててぐっと押すと部屋のなかが見えた。

(うわぁ、うわぁ、うわぁ……)

人が故意に荒らそうと思ってもここまでは荒らせないというぐらいに部屋は散らかって

いて、ベッドの位置も棚の位置もすべてがはちゃめちゃだった。

（とにかく貴重品だ）

　倒れた棚の下にあった通帳と印鑑が入った袋とベッドの近くに転がっていた携帯電話の充電器をポケットに入れ、少し厚手のコートを持って部屋を出た。

「２階もすごいことになっているよ。特に和室は植木の土が散らばって大変なことになってる……」

　家の外にいた母に２階の状況を伝えると、

「あぁそう……」

と、自分が育てた植物が倒れているのも哀しいし、この後の掃除のことを考えるとそれも切ないと言ったような表情だろうか、なんとも言いがたい表情で応えていた。

　辺りがすっかり暗くなってきたころ自宅に父が戻ってきた。母は声をかけた。

「お疲れ様。どうだった？　みんな大丈夫かなぁ」

「んーまずな。まだわかんねぇ……。とりあえず飯食ったらまた行ってくるよ」

　父が〝飯〟と言った瞬間、今まで蓄積されていた緊張感から空腹感が顔を出した。

「食べるの何かあるか？」

　父が母に聞くと、

「ロールキャベツ」

と母が応える。

地震発生前、今晩のおかず用にロールキャベツをつくっていたようだ。ガスも使えず余震が続いていたので、家のなかではなく外の駐車場で灯油式のストーブの上にロールキャベツの入った鍋を置き、それをみんなで囲みながら暖をとった。

「珍しいよね、ロールキャベツなんて。普段つくらないのに」

姉が母に言うと、

「お昼にたまたまテレビでやってたから」

母はよく主婦向け番組の料理コーナーでつくっている料理を晩ご飯の献立にしていた。母がつくったロールキャベツが温まるのを待ちながらストーブの火を眺めていた。

(暖かいって少しほっとするなぁ)

束の間の暖かさにそんなことを思っていた。

湯気が出てきた鍋から母がロールキャベツを取り分けてくれた。

「はいどうぞ」

冷えて悴《かじか》んだ手に熱が伝わってくると、「生きているんだ」と身体自身が教えてくれた。

「うん！　なかなかうまいよ」

と、父が言うと続いて私が、

「うまいね。こんな状況のときに食べる料理だとは思えないね」

「そうだな……。今日のロールキャベツは忘れられないな」

と、父が笑う。その瞬間、四人は笑いに包まれた。

母と姉が食器の片付けをしている間、私は父と話をした。

「この後も市民センターで何かあるの？」

「まだ被害状況がどの程度あんのかわかんねぇし、明日以降の動き確認しなきゃなんねぇからな」

「まぁ、とりあえず気をつけて」

「三人は先に休んでていいからな」

「うん」

「今日は居間で靴履いて休んでろ。余震あったらすぐ逃げれるように」

「わかった」

「携帯用のラジオあるから」

「うん」

「まぁこの状況じゃ寝れねぇだろうけど、寒くないようにしてろ。今のうちに2階から布団とか毛布下ろししとけ」

「うん」

「俺は市民センターにいるから。なんかあったらすぐ連絡しろ」

「わかった」

「おかぁときぃをよろしく頼むぞ」

「わかった」

私との話を終えた父は、一家の主人から町内の副会長としての仕事に戻った。

こんな状況なのに、靴を履いたまま居間に上がる感覚がどうにも慣れなくて変な罪悪感があった。毛布を膝にかけ、いつもならリラックスできる態勢なのに身体の緊張はずっと続いていた。

（お客さん、大丈夫だったかなぁ……息子さんに無事会えたかな……）

ずっと気になっていた……。そして長く……、暗い……、これからを暗示するような一晩を過ごしていた。

次の日、ラジオからは地震の被害状況が次々と流れた。津波の被害……、建物の被害……、人の被害……、耳を塞ぎたくなるような残酷なニュースばかり……。この地震の大きさをあらためて感じた。

「すごい行列になってるよ！」

3日目になると近所のスーパーやコンビニエンスストアで行列ができていた。特に食料品が不足していて、それをみんな買い求めていた。

『いち福』には、普段営業用に使う米などの材料の在庫があった。電気も震災発生の3日目には復旧してくれて、ほかの地域で断水が続いているとの情報を聞いていたが、この地域ではなぜか断水することもなく水も使えた。

ガスには都市ガスとプロパンガスがあって、都市ガスは復旧に時間がかかっていたが、『いち福』で使っていたプロパンガスは使用することができた。幸いにもライフラインが整った状態になっていたので、店内と作業場の清掃を終えた父と母と姉は次の日から暖簾をあげることにした。

「明日、隆司も手伝え」

父は美容室の掃除を終えて帰ってきた私に声をかけた。

4日目からは四人での作業が始まった。

「だんごは手間がかかるからこの状況が落ち着いたらまた始めればいい。今はみんな食べるものに困っているから五目おこわ中心に、おはぎとか大福とか腹もちが良いものをつくろう」

父がそう言うと、午前5時からつくり始めた。必死にできる限りの量をつくった。蒸気が上がり換気扇からそれが噴き出すと、店の前には自然と人だかりができていた。午前9時になり暖簾をあげると、次々に商品が出ていった。そして、午前10時になると売り物がないという状態になり、並んでも買えなかったお客様や売り切れたあとに来てくださったお客様への対応をしていた。

「大変申しわけございません。本日は売り切れてしまって……。明日またつくりますのでどうぞご了承くださいませ」

本当に申しわけなくて、悲しくてやるせない思いが心にのしかかっていた。

とにかく次の日もまた次の日もつくり続けた。今自分たちにできることはそれしかなかった。そんななか、近所のおばあちゃんが声をかけてくれた。

「店開けてくれてありがとうね。こんなときにいつもの味が食べれてほっとするわ」

「ありがとうおばあちゃん。また明日もつくるね」

心の糸が少しゆるんで、肩が軽くなった。

『いち福』を開けたのは、人のためもあるが、自分たちのためでもあった。大きな転機が訪れた後はみんな心の拠り所を求める。うちの家族の場合、その拠り所は、間違いなく『いち福』だった。

だんごや菓子をつくることで、精神的に安定し、暖簾をあげてお客様と対面することが何よりも大切な時間で心が穏やかになる場所であった。

避難所では炊き出しが毎日のように行われていた。そこで指揮をとっていたのも父であった。早朝『いち福』で商品をつくり終えると、コミュニティーセンターに駆けつけて朝、昼、晩の炊き出しをつくっていた。一人暮らしのお年寄りの家には炊き出しのごはんを持って励ましに行っていた。

「なんか必要なものあったらすぐに言わいよ。また明日炊き出し持ってくっからね」

「よっさんありがとうね。助けてもらって」

「助け合うのは当たり前だ。こんなときはお互い様。気にしねぇで何でも言ってけろ」

父はいつも前向きだ。だから、いつでも私たちに背中を見せる。私たちは、そんな父の背中を見て歩いていれば、自然と守られているような気持ちで、暗闇も怖くなかった。

「何もなければ上を向いて笑顔でいなさい」

震災時の『いち福』

その言葉は、私の心の支えとなっていた。
大震災の発生から1週間ほど経つと、さらに食料品や水などの物資不足により、スーパーやコンビニには長蛇の列ができるようになって、ガソリンスタンドや公衆電話も人で溢れていた。震災を思い出すたび、私の頭に思い浮かぶのは人々の長い列なのだ。
『いち福』でも相変わらず商品をつくっていた。しかし、仕入れもなく毎日のようにつくっていれば、当然『いち福』の米も底が見えるようになっていた。

「米のほかに欲しいものある？」

兄との連絡がついたのは、震災後２週間ぐらいのころだった。

そのころ兄は県外にいて、震災の悲惨な状況を見るうちじっとしていられなくなり、家族の安否確認ができた後、いち早く現地に来て、食料品などを持ってきてくれた。本来は特別車両でなければ被災地に入れない時期だったけれど、電気業をしている知り合いに頼みこんで許可を取ってもらったのだそうだ。

「大変だったな！　お疲れ様！」

兄の元気な声と姿に勇気づけられ、家族五人が揃った。岩間家のバランスが整った気がした。『いち福』を父が引っ張り、母が支える。その下に三兄姉弟でつくる三角形が崩れないようにバランスを取っているような感じで。

「来てくれてありがとう」

「米持ってきたから明日はみんなでつくろう！」

兄の行動力にはいつも頭が下がる。考えるより行動することで状況が変わるということを、身をもって教えてくれるのだ。

次の日、午後には新潟に戻らなければいけなかった兄も朝の作業に加わり、１日だけ家族五人の『いち福』がスタートした。父が長年愛用し、『いち福』のだんごをつくるのに欠かせない機械、だんごねり機（米を擦り潰し、だんごを練り出す機械）に今回被害がなかったのは、『いち福』の光だった。

「竜也もいるから今日からだんご始めるか」

今まで手間がかかるのでやらなかっただんごを始めるという父に、母も姉も嬉しそうだった。だんごをつくり始めると、ようやく『いち福』本来の姿になってきたように見えた。

しかし、実際には震災後も父の自主的な活動は続いていて、忙しい『いち福』の仕事をこなしながら復興活動に手を尽くし、身を粉にして活動を続けていた。

「何かあったときはお互い様。助け合うのが当たり前」

父の精神はシンプルだけど、なかなか真似できることではない。数ヵ月後、父には警察署から震災後の功績による感謝状が贈られていた。

震災後数ヵ月経ち、父と母は久々にまとまった休みを取っていた。

「これから仙台出るから」

母は兄に連絡を入れた。兄の娘が小学校へ入学したということで、お祝いをするために仙台駅から新潟に向かおうとしていた。孫に会うのは久しぶりで父も母も楽しみにしていた。

そのころ兄は結婚を機に新潟で食肉関係の仕事をしていた。

ICHIFUKU

第5章　だんご三兄姉弟の憂鬱

さて、ここからは兄、竜也の話をしよう。

地元の商業高校卒業後、接客販売業をやりたかった兄は、就職先を探していた。接客が好きになったのは、小学生のとき。年に一度、近くの施設で行われていた催し物があり、近隣の商店などがそこで自分の商品を販売する機会があったという。

今でこそフリーマーケットやマルシェ、蚤の市など各地でそういったイベントもあるが、当時は店舗以外での販売はあまりなく、お客様も販売するほうも活気に溢れていた時代だった。『いち福』もだんごやおはぎをそこで販売していて、朝から父も母も大忙し。その販売を小学生だった兄が手伝っていたらしい。

「いらっしゃいませ。おいしいだんごですよ」

母の声がけを真似しながら、兄も声を出す。

「おいしそうなだんごね」

お客様が兄に声をかけた。

「いらっしゃいませ。おいしいですよ」

「頑張っているから買うわ」

お客様の思わぬ申し出に兄は笑顔で応える。

「ありがとうございます！」

自分が声を出したことで商品が売れた。兄はとても嬉しくなって、次はもっと声が大きくなる。

「いらっしゃいませ！　おいしいだんごとおはぎですよ！」

声がけがお客様の足を止め、兄はお客様に商品を説明する。すると商品が次々と売れていくのだ。兄はそのときの嬉しさと快感は今でも忘れないと言う。

それ以来、接客と物を売ることが好きになった。兄は自然にやっているが、明るい性格と人を惹きつける笑顔は、父親譲りの生まれ持った才能だ。

こうした体験もあり、高校卒業後、実家の『いち福』に就職も考えた兄だったが、父親の仕事の大きさと存在に真正面から向き合うことができず、親戚の和菓子屋『甘仙堂』に就職を決めた。

先にも話したように宮城県では、もっちりとした素朴な味が特徴の米粉を練った〝ゆべし〟が和菓子のなかでも親しまれていて、お店によって米粉の種類やなかに入れる具材で個性を出すなど、お土産としても人気があった。

兄が勤めていた和菓子店でもゆべしを販売していて、くるみがたっぷり入った「くるみゆべし」は、市内の駅や百貨店、全国の催事などで人気の商品となっていた。このゆべしが自分の接客で面白いように売れる。接客販売がしたかった兄にとってこの職場はとても楽しかったようだ。

もう一つの楽しみは、全国各地での販売。特に、仕事が終わった後の飲み歩きは、その土地土地の雰囲気と食べ物、お酒が味わえて好きだったと言っていた。

ある日、販売先の催事で知り合いになった先輩に、仕事帰りにご飯に連れて行ってもらった兄。2軒目に行ったお店は落ち着いた雰囲気のカウンターだけのバーで、バーテンダーの後ろにはずらりと多種多様なお酒が並べられていたそうだ。居酒屋のビールに慣れていた兄にとって、店の雰囲気とそのときにバーテンダーがつくってくれたダイキリの衝撃は大きく、何もかもがかっこよく見えたらしい。

そのときから、兄の気持ちは少しずつ揺れ動いていた。

（今の販売の仕事は楽しいし、自分には合っているけど、刺激はない。もっといろんな世界が見てみたい）

あのとき出会ったバーテンダーの姿が、自分の将来に問いかけているようで、気がつけば兄は書店に行き、『バーテンダーズマニュアル』という本を手にしていたという。

やるなら東京で挑戦したい。そう考えたとき、兄の覚悟は決まっていた。

「自分がやりたいと思うことをやりなさい」

父と母は、本当に子どもたちがやりたいことを優先してくれる。きっと親としての考えがあって心のなかでは反対していることも、どんな話だって聞いてくれて、最後には背中を押してくれる。

両親の心意気を胸に、兄は上京。バーテンダースクールというものに通い、お酒の基本、食品衛生、食材管理、カクテルの種類などバーテンダーの心得となる基礎を学びながら、就職先となるバーを探した。

運良く銀座で若いバーテンダーを探しているところだったことを知り、さっそく面接を申し込んだ。

バーのある銀座。駅を降りてからお店までの道のりでは緊張していたが、初めて観る銀座の光景が眩しく輝かしく感じたのを今でも鮮明に覚えていると話してくれた。

そこのオーナーは銀座で数軒のクラブやバーを経営していて、名だたるお客様やいわゆる業界の方なども訪れるようなお店だった。たくさんのお酒が並べられたカウンターを抜けると奥にはグランドピアノがあり、いわゆるピアノラウンジという形のバーであった。

面接はとにかく緊張していて何を言ったかは覚えていないが、後日、採用と連絡が来たときにほっとしたことだけ覚えていると言う。

それからは、華やかさとはほど遠く、洗い物、買い出し、下準備、先輩バーテンダーのアシスト、いわゆる雑用ばかりである。仕事をしながら先輩の仕事、接客の仕方を見て覚え、営業終了後先輩にカクテルづくりを教えてもらっていたなどの下積みのエピソードをよく聞かせてくれた。

器用にできない自分に腹が立ったり、今まで面白いと思ってやってきた接客も、銀座の高級ラウンジに来店されるお客様との会話が上手くいかず、毎晩つくり笑いを続けている葛藤の日々もあった。

そんな兄の態度や行動を、オーナーであるママは見抜いたようで、ある日、店の裏に呼ばれ、

「お客様との会話ができないなら、心を込めてお話を聞き、心から笑顔でいなさい。それと、お客様とお話をするには、最低限の知識は必要。情報を入れる習慣をつけてみなさい」

とアドバイスをされたらしい。見事に見抜かれていたのである。会話ができないのは、自分に自信がなかったからなのだ。忙しい毎日、お酒やカクテルの種類ばかり覚えようとして、世間で今、何が起きているのかなんて兄は気にもしなかったのだ。

お客様はお酒の情報を聞きにバーに来店しているのではない。おいしいお酒とともに、お店の雰囲気を味わう。そして、バーテンダーとの会話を楽しみに来てくださる方もいれば、話を聞いてほしいお客様だっている。

接客のやり方に答えはない。ただ正解があるとするなら、一人一人と真剣に向き合うことが接客の基本なのかもしれない。兄はそう思い、それ以来、自分がわからない会話でも真剣に話を聞いたそうだ。

新聞を毎日読むようになり、休みの日には図書館にも行くようになった。少しずつ自信がついてくると、自然な笑顔も戻るようになっていた。

酒とおはぎ

そんな兄がはじめてお客様に出したカクテルは、ダイキリ。ラムベースのシンプルなカクテル。そう、はじめてバーに行った、あのとき最初に出してもらったあのカクテルである。

私は素敵なエピソードだと思った。その後、バーテンダーとして活躍するなかで、ダイキリは兄の代名詞となっていったという話もいい。お店の裏では地味な仕事も多かった兄だが、買い出しは好きだったようだ。

銀座には大きな百貨店がいくつかあって地下の食料品売り場には、とにかくどんな食材でも売っていたと言う。また、場所柄、築地も近く、場外市場の店でいろいろ食べて勉強していたことも聞かせてくれた。

もちろん兄はお酒好きだったが、バーテンダーとして仕事をこなしているうちに、おつまみや料理をつくるのも好きになっていた。お客様との会話で、池波正太郎の小説に出てくる「鴨飯」の話で盛り上がり、次にそのお客様が来店されたときに、自分でつくった「鴨飯」をサプライズで出したらしい。

そのときに、とても喜んでもらったそうだが、それは兄にとって本当の接客を実感する出来事で、お客様の心からの笑顔が引き出せた貴重な経験となったと神妙に語っていた。

兄は人に優しい。

仕事をする上で大切なことは、何かの役に立ち、人に笑顔になってもらうこと。そして自分が笑っていることだと兄は言う。

私は、兄の明るさと笑顔は天性のものだと思っていた。特別に神様から与えられたものだから真似しても無駄だと、勝手に思っていた。でも本当は、本人の努力と人を心から思う気持ちが兄の明るさとなり、優しい笑顔を生んでいたのだと知った。

その後、兄はバーテンダーの仕事を長く続けていたが、結婚を機に転職して食肉関係の仕事をしていた。そして兄が、本格的に仙台に帰ってくるのは、もう少し経ってからのことである。

休みを取って新潟に向かう両親は、新潟行きのバスが来るまで時間があったため、駅のベンチに座っていた。

「なんだか朝から調子悪くてな。変なもん食ったかな」

座りながら父は母に話しかけたという。

「まだ時間あるからゆっくり行こう」

母が声をかけると、

「そうだな」

と応えるが声に力がない。

「ゲホッ……」

父が口を押さえて咳き込むと父の手には血が溢れていた。

「大丈夫！　お父さん！」

母は動揺しながらも父にティッシュを渡し、下に滴った血を拭いた。

「すぐに病院に行こう！」

母がそう言うと、

「慌てるな。吐いたら少し楽になった」

そう言った父は病院に行く気はなく、母の再三の説得にも応じず二人は一度タクシーで自宅へと戻ったという。父が吐血したとの一報を母から受けた姉は、父が自宅に戻るなり
「何言ってんの！　病院行かなきゃ！」

と言い、すぐに病院に連絡した。

父は母の言うことは聞かないが姉の言うことには従っていた。しかし、そんな状況でも父は、

「自分で運転して行くから大丈夫だ！」

と言い母と姉を後部座席に乗せて病院へ向かった。

即入院。胃癌ステージ4。もって1年という。


悔しくて、苦しくて、悲しくて、家族みんなで泣いた。

父は強い人間だ。人の感情を思いやれるから、強いのだ。父の感情だから本当のところはわからないが、母を気にして、自ら先生に症状やこれからの治療法を聞き、自分の病を真正面から受け止め、向き合っていたと思う。

母は心配性で天然だ。先のことをあれこれ考えて、まだ起こっていないことを心配し、気持ちを巡らせてしまう。つまり、想像力は豊かということなのだろう。想像力豊かな天

然は本当に面白い。

店で作業している母の後ろから声が聞こえた。

「おはよう」

母の後ろから兄の同級生のマービーが声をかけたのだ。すると母は、

「キャー！」

と叫び、その叫び声に驚いて姉が、

「キャー！」

と連鎖する。

「何もう！　急にびっくりするー」

と母がマービーにいうと、マービーは苦笑い。

しかしその母の叫び声に驚かされた父と姉は母に、

「おかぁの声のほうがびっくりするよ！」

「マービー普通に声かけただけじゃん！」

と言い母が苦笑いする。

こんなことは日常茶飯事で、私が普通に声をかけただけでも、

「ねぇ、おかぁ？」

「キャー、何、何、何！」

「いやいや。そんな驚かなくても」

「だから何！」

「いやいや。そんなに怒んなくても」

とただ話しかけただけなのに、会話にすらならない。

母が仕掛ける連鎖は驚きだけではない。自分が笑いのツボに入ると、どうにもこうにも止められず、周りを笑いながら巻き込んでいく。姉は真っ先にそれにつられ笑い、続いて兄が笑う。結局みんなでバカ笑いして仕事にならない。それを見かねた父が、

「いい加減にしろ」

と言って収まるのがいつものパターンだ。

母の言い間違い、聞き間違いは日常で、小さいころ、私の名前を呼んだときだった、

「竜也！　いや喜代恵、キャンディ……、あっ隆司！」

と、兄、姉までは100歩譲ってわかるが、飼っていた犬のキャンディが先に出てくるとは思いもしなかったことを覚えている。

スマホは扱いが怖いからとなかなか自分から持とうとしなかった。半強制的に私から持たせられたスマホを、最初は恐る恐る扱っていたが、慣れてきた今ではイヤホンをつけて鼻歌まじりに島津亜矢の歌声を聞き、Ｇｏｏｇｌｅマップを見ながら旅行気分を味わっている。

母の想像力は、地図を見ながら旅行ができるほどである。あのときの「スマホは扱いが怖い」と言っていた恐れはどこ吹く風、本当の天然は自分がそんなこと考えていたことも忘れるのだ。

母は宮城県仙台市、現在の『いち福』があるあたりで生まれ育った。高校を卒業してすぐ「丸光」と言う百貨店に就職していた。丸光とは仙台駅前で初となる本格的な商業施設として急成長し、1960年代には「藤崎」「仙台三越」といった老舗の百貨店とも肩を並べるような仙台を代表する百貨店だったようだ。

母はそこで販売員として働いて、デパートで働く女性いわゆる『デパート・ガール』、略して『デパガ』だったみたいだ。

デパガというと「美人」「派手」「化粧が濃い」といったイメージを伴って使われるため、デパートのなかでも受付やファッション、化粧品やジュエリーといった部署に勤める女性を指して言っていたそうなのだが、母はそういった売り場ではなく、食品関係を販売する売り場に勤めていたようだ。

商品の販売、発注、在庫管理、伝票処理などいろいろな仕事内容があったみたいだが、母が特に好きだった仕事はお客様にお買い上げいただいた商品を、綺麗に包装することだったみたいだ。それを聞いたときなぜか私は母らしいなと思った。

天然で明るい性格は接客にも活きていて、誰からも好かれていたようだ。そしてその仕事を続けているときに父と出会い、結婚したのだという。母の天然で愛すべき接客はデパガとして培ったスキルなのかもしれない。

母の性格は慎重で心配症。父と結婚して寿司屋を始めるとき、だんご屋として新たにスタートするとき、子どもたちがそれぞれの道にいくとき、最初に母は保守的な想像力を膨らませて反対する。

しかし、最後は、主役を立てて脇役に徹してくれるのだ。口では「疲れた」と言いながら、子どもたちが仕事を終えるまで、自分も働く。

本当にいい映画ほど脇役の演技が際立つ。天然な性格で、自分でもわかっていないが、『いち福』の最優秀助演女優賞は母親で決まりだ。今、三兄姉弟が仲良く続けていけるのは、紛れもなく心配性で天然な母親のおかげだ。

この本の執筆を始める際も母からは反対された。

「恥ずかしい。人に話せるようなことはないし、人に話すようなことじゃない。父とのことは自分の胸にしまっておきたい」

と言われた。

私は父と母を尊敬している。今までいろいろ迷惑かけてきた気持ちと感謝の心を何か形として残したかった。これを誰かに見てもらおうと始めたことではない。私たち三兄姉弟は感謝してもしきれないぐらいなのだ。照れ臭くて、普段は絶対に言わないが、この執筆を機に月並みではあるがこの言葉を綴る。

「いつもありがとう」

父は生きている限りだんごをつくり、最後までお店に出たいと望んだ。

母はそんな父を支え、いつでも脇役に徹している。

父と母の結婚式

ICHIFUKU

第6章 別れとはじまり

父の病気発覚後、兄は新潟から仙台の実家に戻り、『いち福』の一員として働いた。兄の人あたりは魔法で、話すとみんな笑顔になる。

姉は父にも認められるような菓子職人となっていて、父はよく私に、

「喜代恵がつくるだんごはどこに出しても恥ずかしくない。本当にうまいんだ。喜代恵の仕事はすごいぞ」

と聞かされていた。

兄の行動力と姉の技術で、そのころには、『いち福』に活気と笑い声が戻っていた。

一方、美容師として働いていた私は、どうしても忙しい時期に『いち福』を手伝うことができなかった。『いち福』は土日祝日が忙しいのである。

「土日祝日が休みで、美容ができる仕事はないだろうか」

いろいろ調べた結果、適職とも思える仕事を見つけた。そしてそのとき、私はこれが美容師人生の締めくくりの場所として、鋏を置く覚悟ができたのだ。

私は美容専門学校の教員になった。

自分がやってきたこれまでの想いや技術を、これから美容の世界に飛び込む若い力に全力を注いで伝えることにしたのである。

3年と決めて臨んだ教員生活。学生たちに自分の持っている知識、技術をしっかり伝えるんだと意気込んでいたが、蓋を開けてみれば、自分が学生たちから学ばせてもらったことのほうが多いような気がする。

学校の先生は子育てに似ている。子どもより知識が多いから、経験豊富だからという理由で、上から物を教えるだけでは、お互いに成長はない。子どもから親になる経験を教わり、学生から教師という仕事を教わるのだと思う。

「人に何かを教えるっていうのは難しいね」

私は授業がなかなかうまくいかないということに多少の焦りを感じていたのか、つい父にそう言ってしまった。

「それはそうだ。人を育てるっていうことは大変なことなんだよ。隆司も子どもがいるからわかるだろ?」

「まぁそうだね。わかんないことだらけ」

「いいんだよ無理に教えようとしなくて。自分がしっかりやっているところを見せればいい。隆司の姿を見て学びたいと思ったやつが真似しはじめるんだよ。真似されなくなったら終わりだよ。隆司もいるだろ？　この人のこういうところかっこいいなとかこんなところ真似したいなとか」

父の言葉には妙な説得力があった。

父が兄に魚の捌き方を見せていたとき、姉がこっそり父の仕事ぶりを見ていたとき、私におもちゃをつくってくれたとき。私たちは父の姿をみてそれを真似てやってみたいと思ったことを思い出した。

今では、兄は魚を捌き、姉は最高のだんごをつくり、私はものづくりが好きになっている。

「無理に教えようとするんじゃなくて、自分の姿勢で見せるのか」

私のなかで点と点が線になったような気がした。ともに成長することが本当の教育なのかもしれない。今でも当時の学生たちに会うと「先生」と呼ばれるが、妙に恥ずかしく感じる。私にとっては生徒のみんなも大切なことを私に教えてくれた先生なのだから。

美容業を辞めてだんご屋になった私に、多くの人はもったいないと言った。私からすれば、たぶんこのまま美容業を続けていても、特に特徴のない美容師、もしくは美容学校教員だっただろう。

美容専門学校に入学して2年、就職してアシスタント期間3年、スタイリストとして4年、個人でお店を持ち4年、美容学校教員として3年。こんな経験を持って、だんご屋になるやつはほかにいない。

髪を切れるだんご屋は、たぶん日本に、いや世界に私一人だろう。つまり、私にとって美容業を辞めたことは決してもったいないことではなく、特別な付加価値を付けたということなのだ。

もちろん、後悔もない。若い世代にバトンを受け渡したとき、自分史に美容業をしっかりと刻み込めた気がした。これまでやってきた美容業に感謝して『いち福』という和菓子の場でその経験を活かしながら発揮する。

そして、その想いを胸に『いち福』の一員になると決意して〝櫛から串〟に道具を持ち替えたのだ。

今は、たまに娘や息子の髪を切る。

「だんご屋なのにパパは髪を切るのが上手だね」

なんて言われながら。

『いち福』には、寿司屋だった父とデパガだった母、それにバーテンダーだった兄とパン

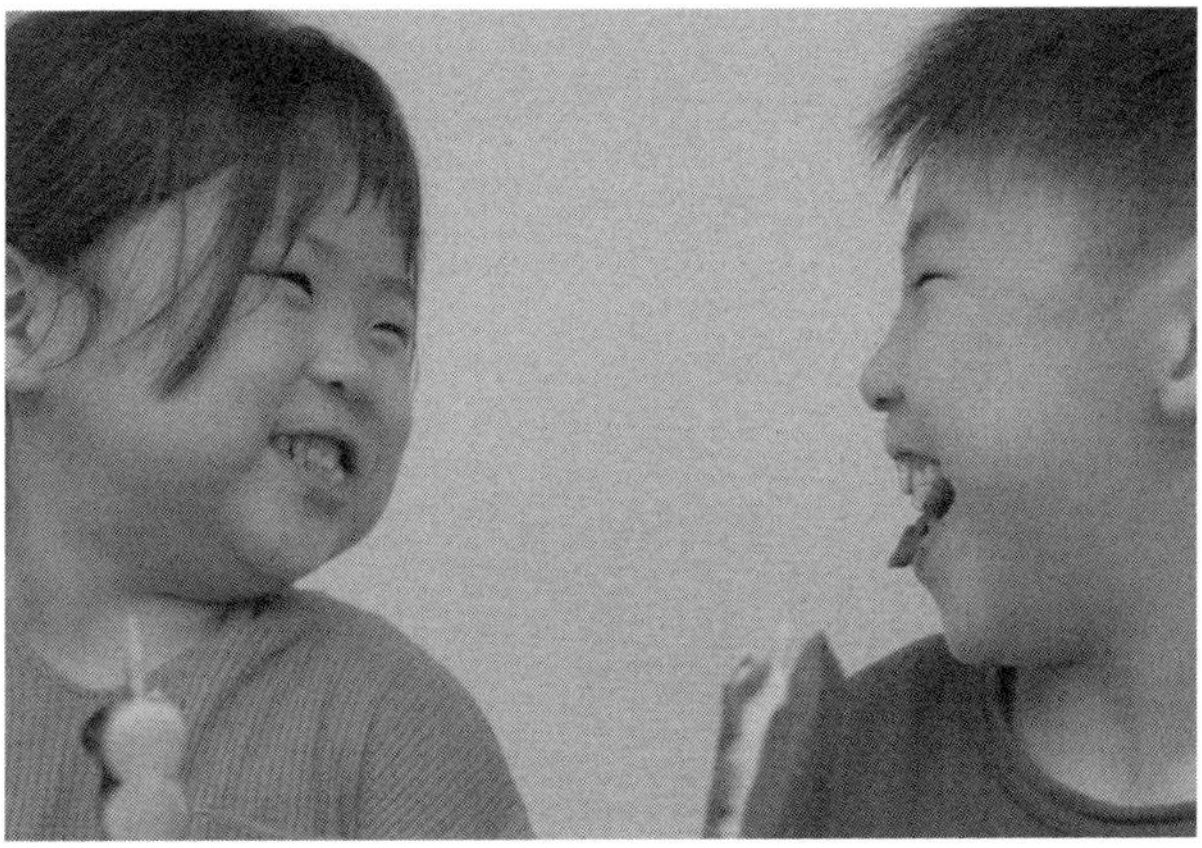

『いち福』のだんごを食べる子どもたち

職人だった姉と美容師だった私の姿があった。だんご屋を始めた当初は父と母、二人で使っていた作業場に今は家族五人。ずいぶん狭かったが工夫しながらやっていた。和菓子を扱う仕事をやっていると四季による行事やイベントなどでご注文をいただくことが多かった。

春はひな祭り、卒業式に入学式、お花見。夏は端午の節句にお盆。秋にはお彼岸、お月見。冬は七五三、お正月。そんなイベントや行事のときは普段の何十倍も忙しく猫の手も借りたいといった状況だ。一方で日常的には近所のお客様や常連のお客様を中心になんとかやっているという感じで、お世辞にも忙しいとはいえなかったが、これから『いち福』で家族五人が働いていくうえでは売り上げを上げていく必要があった。

「新寺こみち市っていうイベントがあるんだ

けど『いち福』さんも出店してみたら?」

それは娘の保育園の先生からの話で、仙台駅南東側、新寺小道緑道を会場に毎月28日に開催されるイベントだ。東北の農業や漁業をはじめ、手づくり作家として身を立てる方々などが小さな商いができるように、緑道に沿ってそれぞれ出店店舗がタープテントを立てて販売する、縁日のようなものだ。

「私の旦那さんが、そのイベントに関わっていて、気軽に参加できるみたいだし、『いち福』さんのおだんごおいしいから、そういうとこで販売してみたらどうかなぁと思って」

「ありがたいです! ありがとうございます! 明日、両親と兄姉に話してみます」

次の日さっそく家族に話してみると兄は、

「面白そうだね。やってみようよ」

と言い、姉も、

「そうだね。せっかくの話だしいいんじゃない。やってみよっか」

と応えてくれる。兄姉は新しい挑戦に前向きな方向でいた。両親もそれを見守るように応援してくれて、

「これからはお前たちが考えてやっていかなきゃなんないんだから、三人で協力していろんなことやってみればいい」

と言ってくれた。とても嬉しかったことを覚えている。

　このことがきっかけで、その後もいろいろなイベントに誘われる機会も増えた。

　イベントに出店するとき父は、

「とにかくいっぱい試食出してお客さんに食べてもらいな。とにかく口にしてもらわないとうちのだんごのおいしさを知ってもらえないからな。あと試食出すとお客さん喜んでくれるんだ」

　と言い、父は試食用のだんごやおはぎを一口サイズでほんとうに小さくつくっていた。ときには、販売する商品以上に試食用をつくっていて、

「ちょっとつくりすぎたか……。まぁいっぱい食べてもらおう」

　と楽しそうに笑っていた。すこし手間がかかる小さいサイズのおはぎを器用にどんどんつくっていた。

　イベントには兄姉弟三人で行った。屋外という環境ではじめて会うお客様ばかり、いつもと違う雰囲気が味わえるので楽しみにしていた。

　うちには接客のプロがいる。父がつくった試食用の菓子を片手に兄が威勢良く声をかける。

「いらっしゃいませ！　ご試食いかがですか？　だんごにおはぎ、わらび餅もありますよ！　試食はお金かかりませんから、どうぞ一度召し上がってみてください！」

「いいの？　じゃ1ついただくわ」

「どうぞどうぞ。そちらのお兄さんもぜひ一口！」

「はい、いただきます」

「お嬢ちゃんもだんご食べてみない？」

兄が声をかけ始める。と、あっという間に人だかりができた。

「おいしい。これ売ってるの？」

「はい、こちらです！　どうぞ！」

試食をしていただいたお客様が商品を手に取ってくれる。姉は商品の説明をしながらお会計をする。

「うちのだんごはお米からできていて硬くなるので、お早めに召し上がってくださいね。では、お客様はだんごにわらび餅、大福ですね。ちょうど１０００円になります」

「はい」

「ありがとうございます！　『いち福』と申します。またどうぞよろしくお願いします！」

『いち福』を知らないお客様に名前だけ知ってもらおうと声をかけた。

「試食出すとみんな喜んでくれるんだ」

父が言っていた通り試食を出すことで人が集まり、集まっている人たちを見てどんどん人が磁石のように引きつけられている。

（おとぉはだからこんなにつくってたんだ）

新寺こみち市

兄の接客、姉の販売もさることながら、父の商売人としてのスキルをあらためて知った出来事であった。

そのあと母も販売の応援に来てくれた。

「いらっしゃいませ！　おいしいおだんごですよ！　いかがですか！」

と兄に負けない母の大きい声がけに、私は接客のプロはここにもいたんだと思うのだった。

父の闘病生活は4年目となっていた。このころは病院で治療していて母は毎日父のところに通った。

「売店でおにぎりでもパンでも買ってきて、当直の看護師さんに差し入れしてくれや」

父が母にお願いすると、母は病院の売店に行ってパンを買い、ナースルームに持っていった。

「これ食べてくださいね」

「岩間さんいつもすいません。ありがとうございます。でも気をつかわないでください」

「うちのお父さん、看護師さんたちに毎日よくしてもらっているから少しでも返したいんですよ」

父は入院している間ほぼ毎日、

「看護師さんたちにはいつも助けてもらっている」

と言い、父なりの感謝を込めた差し入れだったらしい。それ以外にも病院でお花見をすると聞くとだんごを差し入れたり、担当の先生に子どもが生まれたときにはお祝いもしていたという。

父には人を引きつけ虜にする力があったと言ったが、実は父自身が人との出会いを大切にして、自分が何かしてもらったら何倍にもして返していたのだと知った。私が中学生のころにバレンタインチョコをもらったときに、父は私にこう言っていた。

「隆司、男からのお返しは3倍返しだぞ」

まさに人が好きになる男。

「好男」だ。

2015年9月9日

父・岩間好男は家族に見守られながら息を引き取った。もって1年と言われた父は、笑顔と気持ちの強さで4年も長く生きたのだ。

最後は自宅で、家族みんながだんご屋として、父の最期を見届けることができたのは、何ものにも代えがたい幸福であった。

私は、辛い闘病生活で少し伸びた父の髪を、棺に入れる前に切ってあげた。白髪が8割を占めるその髪の毛は、今までの忙しさと苦労を物語っているようで、切りながら自然と涙が溢れた。

父の葬儀には本当にたくさんの人が来てくれた。人を愛して、人に愛された人生だったんだなと心が熱くなった。喪主の挨拶をする母の後ろに私たち兄姉弟も一緒に並んだ。

普段であれば、

「私、緊張するから誰かやって」

と絶対に表舞台に出ない母。そんな母の喪主としての挨拶は、とても凛として頼もしくて母の強さを感じた。これまで父を支えてきた母のように、これからは私たちが母を支えていくんだと心に刻んだ。

父と母はよくこんな話をしていたらしい。

「仕事辞めたらゆっくり旅行でも行きたいね」

「そうだなぁ車で日本一周でもするか」

「車で？　私、運転できないし、大変じゃない？」

「いいんだよ。ゆっくり時間かけていけば」

「そうだね。ゆっくり行きたいわ」

と老後の過ごし方を話していて、母はそれを本当に楽しみにしていたようだ。両親ともよく休憩中に地図を見ていたことを思い出す。きっとそのために地図を見ていたわけではないと思うが、頭のどこかにはきっと仕事が落ち着いたら、ゆっくり二人で旅行に行きたいという気持ちがあっただろうと思う。その約束が果たされなかった母の気持ちは計り知れない。


父との約束だから完全には叶えてあげられないが、できる限り旅行に連れて行ってあげよう。夫婦のゆっくりした旅行の代わりとはいかないだろうが、孫たちと行くにぎやかな旅行で少しでも母の気晴らしになれば嬉しいと思っている。


家族と仕事に全力を注いだ父の人生は、65年という短い生涯だったが、父が一代で築き上げた『だんご　いち福』が、家族に残したものはとても大きく、『いち福』が存在する限り、父の考えや技術は生き続けると確信した。

「ここのだんごが好きでたまに食べないと落ち着かなくてね」

『いち福』のだんごの味に惚れ込んで、何十年と買いに来てくれるお客様もいる。

「小さいころこのあたりに住んでいてよく食べてたんです」

父の遺影

小さいころに食べた『いち福』のだんごを懐かしいと言い、大人になって買いに来てくれるお客様もいる。

父が少しずつまいた『いち福』の種は地面にしっかり根付いていて、今では1本の太い木になっている。その木には3本の枝が生えていて、母からもらう優しい水で、ずいぶん成長できた。これからその枝にたくさんの花を咲かせようと思う。私たち兄姉弟は、父の背中をしっかり見てきたのだから。

『いち福』の名前の由来は「いっぷく」。だんごを食べている間、お客様にほんのひとときの休息をしてほしい、一服してほしいと父の想いが込められた名前である。

忙しく働き、家族のために大切な物をたくさん残してくれた父。今度は自分がゆっくり一服する番だ。

父と三兄姉弟

それから1年が経ち、父が個人事業でやっていた『だんご いち福』から、『仙臺だんご いち福』として三兄姉弟で合同会社を立ち上げ、お店を新たにスタートさせた。〝リアルだんご3兄弟〟の誕生である。

『仙臺だんご いち福』の暖簾には小さく判子マークで「好」の文字が刻まれている。これは、父の想いを受け継いだ、これまでの『いち福』の証であり、三兄姉弟の心の支えである。

『仙臺だんご いち福』には理念がある。

手間暇をかけて、お客様に喜んでいただける菓子をつくる。これまで続けてきた味、接客を守り、三人の前職を活かして、いろいろなアイディアで『いち福』を表現する。私たち三兄姉弟はこの理念を基に、父のだんご屋を守っていくのだ。

ICHIFUKU

第7章 これからの挑戦

前述の通り私たちには理念がある。手間暇をかけてお客様に喜んでいただける菓子をつくる。これまで続けてきた味、接客を守り、三人の前職を活かす。いろいろなアイディアで『いち福』を表現する。

そのためにはやらなければならないことがあった。

①ＳＮＳを活用した発信
②販路の拡大
③ブランディング
④店舗改装

⑤商品強化
⑥新しい試み

①SNSを活用した発信

これまでデジタルとは無縁の『いち福』がやらなければいけない最初のスタートがSNSの活用と考えた。その中でもインスタグラムを中心とした活用を始めていた。

もちろん今では多くの人が当たり前のツールとして使っているが、私が始めたのは「インスタ映え」が流行語大賞になる2017年の2年前、2015年のこと。専門学校の教員時代に学生がインスタの話をしていたのを聞いたことはあったが、実際に使ったことはなく、写真や動画をシェアするSNSという浅い知識しか持ち合わせていなかった。

インスタを始めてみたはいいものの、いまいち楽しさがわからないというか、写真を投稿しているだけで人とつながっているという実感が一つも持てなかった。そこでSNS事情に詳しい友人からやり方を教わることにした。

「『いち福』のインスタは、せっかく良い写真あげてるからハッシュタグ付けたほうがいいよ」

「ハッシュタグ?　何それ?」

写真を撮ってアップしたら誰かにすぐ見てもらえるものだと思っていた。そんなやり方に友人がアドバイスをくれたのだ。

「このマーク。そう、その端っこにあるシャープみたいなこれ。これを付けて『#○○』みたいな感じで文字入れんのよ。例えば……、『#だんご』とか『#大福』とか写真に関連する言葉を付けけんのね。これがハッシュタグ」

私のスマホの画面を見ながら丁寧に教えてくれる。

「そんでこれが何の役に立つの?」

「ハッシュタグの付け方次第で、多くの人に見てもらえる可能性が高まるんだよ」

「えっそうなの！　ぜんぜん知らなかったじゃん！　なんで！　それ早く言ってよぉ」

逆ギレする私に友人は、

「少しは始めるときに自分で調べろよ！」

ごもっともな意見にぐうの音も出ず、

「すいません。続き教えてください」

「インスタのハッシュタグは1投稿につき最大で30個まで付けられるのね。だから多くのユーザーにリーチするためには、最初はできるだけ多くハッシュタグを付けたほうがいいと思うよ」

「そっか、じゃ、このだんごの写真でいうと、『#だんご』、『#しょうゆ』、『#ごま』、『#ずんだ』、『#くるみ』、『#あんこ』、『#きなこ』、『#焼き』……みたいな感じ?」

「うん。いいんじゃない。あとは『#だんご屋』とか『#和菓子』とかね。それ以外にも『#仙台』みたいな場所も良いし、『#だんご3兄弟』みたいなタグ付けしてもいいかもね」

「そっかぁ、写真に関連しているものなら何だっていいんだもんね。面白いね！」

そこから自分でも調べ始めて、ようやくインスタの面白さがわかっていったという感じだった。

そのころはすでに、フェイスブックやツイッターなどがSNSの主流で、私の周りでもみんなが使っていたので、比較的始めやすくつながりやすい環境にあったが、私はあえてインスタを店用のSNSとして使うことにした。写真や動画で直感的に伝えることができるインスタに魅力を感じていたのだ。

本格的に自分で写真を撮ったことや誰かに写真の撮り方を習ったことはなかった。唯一、美容に携わるなかでお客様の髪型の写真を携帯のカメラで撮っていたことぐらいの経験しかなかった。こんなふうに撮ってみたいなとか、こんな感じで撮れたらなという漠然としたイメージしかなかった。そんな私が撮れる写真は当然イメージとは程遠い。まぁiPhoneで撮っているからこの程度だろう、と自分に言い聞かせて妥協しながら撮影する日々。そんなある日、不意に窓際で撮った写真が綺麗に写ったことがあった。

（あっ、昔お客さんの髪型の撮影したときは光のあたり具合でずいぶん写り方が違ってい

たっけなぁ……。暗いとこで撮影するより窓際の明るいところで写したほうが綺麗なのかもなぁ）

昔、美容室でお客様の撮影をさせていただいたときのことを思い出していた。

（何も考えてなかったけど、もしかして髪の毛に限らず写真の撮影は光が重要なのか……）

ｉＰｈｏｎｅ片手に、兄と姉がつくったお菓子をいかにおいしく見せて、伝えるかをいつも考えていた。

（次ここで撮ってみようかな）

作業場の北側に面した磨りガラスの窓の前にはボイラーが設置されていて、大きい蒸籠が乗せてあった。そこは午後になると光がほど良く入ってきて作業場のなかでも明るい場所だった。その窓の下にある蒸籠の蓋をひっくり返すと高さがちょうど良い台ができた。そこに竹皮を敷いてその上に7種類の串だんごを乗せた。

「なかなかいい雰囲気だ」

ｉＰｈｏｎｅのカメラを構える前から自分のイメージと近い感じになっていた。構図が少し寂しかったので店にディスプレイしていたササニシキの稲穂をだんごの横に飾り撮影してみた。

（うわっ、これ綺麗に撮れるかもしれない）

ｉＰｈｏｎｅのカメラを起動させ画面を見た瞬間、いつもとは違う写り方をしていた。

（何で、何で？　商品は一緒なのに昨日とぜんぜん違うじゃん！　やっぱり光⁉）

とにかく綺麗に撮れるのが嬉しくてシャッターを押し続けていた。気づくと写真を数百枚も撮っていて、時間を忘れるほど夢中になっていたことを思い出す。撮れた写真は自分が思っていた、こんなふうに撮ってみたいなというイメージに近くて写真家でもなんでもないのに思わず、

「納得いくいい写真が撮れた」

と、いかにもプロみたいな言い方をしていた。

それからは毎日のように午後2時から3時ごろにこの窓際の場所で撮影した。そこではなぜか不思議と商品がおいしそうに撮れた。最初に蒸籠の上で撮っただんごの写真は、今でも自分のお気に入りである。


インスタをやり始めた当初は、とにかく投稿するのが楽しくて写真を撮るたびアップしていた。そのうち写真のネタに困ると、投稿するのをやめてまた自分が撮りたいと思ったときにアップするといった不規則な投稿を続けていた。１週間近くアップしないという日が続き、自分の気にいった写真が撮れないときは、

（別に写真家でもないし、無理してやるようなことでもない）

竹皮の串だんご

なんて思いながら投稿の頻度は日に日に減っていった。そんなとき、また例のSNS事情に詳しい友人から連絡がきた。

「おう。元気?」

「まあね。ぼちぼち」

「最近インスタ投稿してないいんじゃない?どうしたの?」

「いや別にどうもしてないけど……。気に入った写真撮れなくてさ……」

変にこだわりが強い私は、どうしてもうまく撮れない写真をアップするのが嫌だった。

「そっかぁ、写真をアップされんの楽しみにしてんのになぁ……。『いち福』のインスタ。俺だけじゃないと思うよ。せっかくフォローしてくれている人いるんだから続けないと。個人で楽しんでやるんならこんなこと言わないけど、お店の名前でやってるんだから」

私は、はっとした。店用に始めたSNSを甘く見ていた。

（兄と姉は自分たちで考えた商品を必死につくってお客様を喜ばせているのに、俺は遊び感覚で写真撮って気ままに投稿して、たまにいい写真が撮れて浮かれてなんの役にも立ってないじゃないか）

そのころのインスタのフォロワーの数は100人ほどで、その人たちが楽しみにしてくれていると思うだけで、そこに応えていない自分に腹が立った。それからは常に発信し続けることが私の役目であると考えて毎日投稿することに決めた。

（毎日投稿するならアップする時間を決めたほうがいいな。朝は忙しいから午後のゆっくりした時間に投稿していこう）

飽きっぽい性格の私は毎日続けることに少し不安を抱えていた。午後の時間に投稿する。次の日も同じように午後のゆったりした時間に投稿と数日続けてみた。

（なんか気分が乗らないなぁ……）

忙しい時間を避けてゆったりした時間で投稿しているのになんかモヤモヤしていた。

それは小学生のころの夏休みの宿題の感覚に似ていて、夏休みに入ってすぐは時間がいっぱいあって宿題なんかやる気にならない。やったとしても全然身が入らなくてダラダラしてしまう。夏休みが明ける前日に焦って宿題をする。

「あんなに時間あったのに何してたんだ俺は！」

インスタ草もち写真

と言いながら宿題をしていたあのころの感覚だった。

（今はあのダラダラ感に似てるんだよなぁ。なんか追い込まれてない感じ。結局夏休みの宿題も前日にやっても必死に終わらせていたし、終わった後の達成感はかえって強かったような気がするなぁ）

「明日からあえて忙しい時間帯に投稿してみよう！」

それから私は朝7時、だんご屋の一番忙しい時間帯にあえてインスタの投稿をしてみた。

「うわぁインスタやってる時間ねぇよ！　俺は何考えてんだ！」

と言いながらとりあえず投稿してみた。

終わってみると、

「まぁ投稿するのなんてせいぜい1分ぐらいのもんだな。時間に余裕あるときは考えすぎて時間ばっかりかかっていたけど、忙しいときにやると意外と早く投稿できていいな。続けられそうだ！」

私の追い込まれないと動かない性格は小学生のころから変わっておらず、そんな自分に苦笑いした。

それからは午後の落ち着いた時間に撮影して、撮った写真を次の日の朝7時に投稿するというルーティーンになっていった。

1ヵ月も続けるとそれが当たり前と思うようになり、半年を過ぎると歯磨きのように日常に溶け込んでいった。

最近よく、

「インスタ上手くやってるね。写真どうやって撮ってるの？　コツとかあるの？」

とか聞かれるのだが、写真の勉強もしていない私が理論で答えられるわけもないので、

「この瞬間綺麗だなと思ったときに撮ってます」

とかっこつけて返事をしてしまう。

『いち福』のインスタは今でも毎日更新している。飽きっぽい私が続いているのは、あえて忙しい時間に余計なことを考えず追われるように投稿しているのと、兄姉がつくるだんごやお菓子が魅力的でおいしそうで見惚れてしまうからだ。

②販路の拡大

これは合同会社になって始まった話ではなく、先にも話したように〝新寺こみち市〟などのイベントに出店することで、『いち福』の名前とお菓子を知ってもらえるようにと始めたことだった。

２０１６年から合同会社にした『いち福』は、自分たちでいろいろ調べてイベントに参加したり、声が掛かればとにかく何でもやってみた。このころ、百貨店の催事にも初めて参加した。

仙台にある老舗の藤崎百貨店で開催される〝みちのく いいもん うまいもんin宮城〟というイベントで、岩手、宮城、福島の隠れたいいものうまいものを紹介する、といった内容の催事だった。期間は5日間。母と兄姉弟の四人では店舗と催事を同時にすることは実質的に難しいので、『いち福』の店舗を休んでの参加となった。

催事では条件として午前10時開店から午後8時閉店まで基本的に商品をきらさないでほしいとのこと。当日中の賞味期限の菓子をウリにしていた『いち福』は、つくり置きができないので5日間朝から晩まで商品をつくり続けなければならなかった。

兄は作業場に篭り、だんごをひたすらつくり続けた。姉と母は催事会場でだんごにあんこをつける実演をしながら販売を行っていた。私はというと、『いち福』の作業場で草餅をつくり、兄がつくっただんごを催事会場に搬入していた。

百貨店での催事

作業場と催事会場の往復は一日中続いて催事が終わると作業場に戻り、次の日の仕込み。家に帰り少しの仮眠を取って午前0時には作業場に立っているという普通では考えられない働き方をしていた。会場では友人にも手伝ってもらって、催事期間中は試食をとにかく出し続けて『いち福』の味を食べてもらった。

父の教えはここでも生きていて、試食の効果は絶大であった。結果的にそのときの催事店舗のなかでは一番売り上げていたのではないかと思う。喜ばしい反面、5日間ほとんど睡眠も取らずつくり続けるのはさすがに限界があったので、百貨店の催事は『いち福』には不向きだったということも同時に感じていた。

店舗だけでは得ることのできない経験や他店のやり方など勉強することが多く、合同会社『いち福』が大きく進歩した重大な出来事となった。

③ブランディング

SNSの活用とイベントや催事の出店をきっかけに、少しずつではあるが認知されるようにもなってきた。そこで、「仙臺だんご」という名前を自身で立ち上げ、『いち福』でつくっているだんごをそう名付けるようにした。父が仙台で築いてきただんごを継承し存続させていきたいという気持ちを込めた。それが『仙臺だんご』の名前の由来である。

同時にロゴマークもつくった。『いち福』のだんごは、上から見ると四角5玉の串だん

ロゴマーク

ごなのでシンプルなロゴマークを考えた。

そのほかにも、だんご屋を三兄姉弟でやっていることは特徴でもあり強みでもあったので〝リアルだんご3兄弟〟というフレーズをしきりに使うようにしていた。その甲斐あって2020年にｚｏｏｍではあるが、『だんご3兄弟』の曲を歌う茂森あゆみさんとの対談ができたことはとても嬉しい出来事だった。

私がやろうと思っているブランディングは、単に『いち福』のだんごを高級なものにしたいわけではない。父のつくっただんごを守り、核を失うことなく、新しい『いち福』へと変革していくための論法なのである。

④店舗改装

震災のときの話でも書いたが『いち福』は、住まいと店舗が隣り合わせになっている店舗併用住宅で、築30年。もともとの老朽化と震災による被害が大きかったのでこの機会に建て直すことにした。母は父に以前から『いち福』の建物についてこう言っていた。

「お父さんもう古くなったし、新しくしたら？　せめてリフォームだけでもやらない？」

「いや、俺が生きている間はこのままやる。中途半端に直したらダメだ。この家のことは俺が一番わかってる。俺が死んだら好きに建て替えろ」

と父は言っていたようだ。

その当時、母は、早く日当たりの良い家に住みたいと父に催促していたようだが、いざ建て替えが決まり解体作業が近づくと、母の心にも込み上げるものがあったようで、寂しさがひしひしと伝わってきた。

それはそうだ。何もないところから二人でつくり上げてきた建物だ。家族の喜びも悲しみも寂しさも、不安、感動、興奮、安心、すべての感情が思い出となり柱や天井、壁などに染み込んでいて、それを壊される母の感情は察するに余りある。

新しく建て直した今でも『いち福』の店舗と自宅が隣同士になっている。私たち兄姉弟は、仕事が始まる前に自宅に寄り父の仏壇に手を合わせてから仕事する。仕事が終わってからも同じように手を合わす。すごく幸せなことだ。父に挨拶すると見守られているような感じがしていつも心強い。

⑤商品強化

『いち福』でだんごや大福以外にも人気がある商品がある。それが一升餅だ。

米文化の日本にとって、餅は古くから、神さまに供える食べ物とされていて特別な意味を持つ食べ物であったため、出産、誕生、祭り、正月、節句などハレの日には餅をついてお祝いしてきた。

今でもその文化は残っていて、1歳の誕生日を迎えるお祝いとして一升分（約1・8キログラム）のもち米を餅にして、約2キログラムの重さにもなるお餅を風呂敷に包んで背負わせるという伝統行事が行われている。

これからの健やかな成長を祈るもので、一升には「一生」の意味が掛かっている。めでたい餅と合わせることで、「一生食べ物に困らないように」「一生、健康でありますように」といった願いが込められていて、一升餅の丸い形には「一生、円満に過ごせますように」という意味合いもあるそうだ。

そんな一升餅がなぜ『いち福』で人気になっているのかというのが今回の話だ。

「結婚式でお餅をまきたいと思っているんですが、そのときに使うお餅をお願いできないでしょうか？」

とのお客様からのお問い合わせが始まりだった。

「結婚式ですか……あのお家を建てるときにするあの〝まき餅〟みたいな……？」

「そうです。披露宴でそれをやりたいと思っていて！」

「一度ご来店いただいて、ご相談させていただきたいなぁと思うのですが」

後日、お客様とお話をさせていただき、結婚式でまき餅をするという話は初めて聞いたが、直感的にすごく素敵だな、と思い私たちはそのご注文を受けさせていただくことになった。

結果的には直径4センチほどの大きさに丸めたお餅を紅白で50個ずつ、計100個分の餅をつくることになった。

「結婚式でまき餅かぁ。なんかいいね」

姉が言うと兄は、

「絶対盛り上がるよな！　小さいころよくまき餅やるって聞くと、学校終わってみんなで行ったよな」

「行った行った！　懐かしい！　昔はお金もまいていたよね？」

私が応えると、姉が、

「たまに500円玉とか入っていて、すっごい嬉しかったもんね」

「あったあった！」

昔を思い出すように私が応える。

「今あういうの少なくなってきたもんなぁ……。あんな楽しいのに」

「そうだねぇ……。でも今回結婚式でお餅拾ったらなんか幸せもらえそうだよね」

姉が言うと兄は、

「幸せのお裾分けだな」

一升餅ハート型

と応えた。

私は今の会話をしていてアイディアのイメージが湧いていた。

「まいている餅のなかにハート型の餅とか入っていたら嬉しくない？　昔、500円玉拾ったみたいにラッキーな気分にならない？」

「何それウケる。面白そう」

「ハート型の餅かぁ。一度つくってみるか！」

兄と姉は私の案に乗ってくれた。

それからすぐにいろいろな方法でハート型の餅をつくってみた。手で形をつくってみたり、製菓用のハートの型で餅をくり抜いてみたりして試したが、結局うまくいったのは、つきたてのやわらかい餅を製菓用のハートの型に入れて餅を固めるというシンプルな方法だった。

「いいね！　これならまき餅用の大きさにな

るし見た目もかわいい！」

「これすごくいいよ！　喜んでもらえるかも！」

「じゃあ、ご注文いただいた100個の餅のほかに、紅白で1つずつハート型のお餅つけてあげよう！　『いち福』からのお祝いの気持ちとサプライズで！」

こうして結婚式当日、紅白の丸餅100個と紅のハート1つ、白のハートを1つをサービスでつけてお客様のもとへ納品した。

後日、結婚式を終えたお客様から連絡をいただき、

「このたびは大変お世話になりました。まき餅すごく盛り上がりました！　ご来賓の皆様にもすごく喜ばれましたし、思い出に残る素敵な結婚披露宴になりました！　ありがとうございます！」

「いえいえ。おめでとうございました。ハート型のお餅も喜んでいただけましたか？」

「実はあれ……、私たちが気に入っちゃって、まくのが惜しくなって私たちがいただいちゃったんです！」

「あはは！　そうでしたか。でもそれはよかったです！」

「本当にありがとうございました」

「いえいえ、こちらこそつくっていて幸せな気持ちでいっぱいになりました。幸せのお裾分けいただきましてありがとうございます」

そんな出来事があってから、『いち福』では、今まで紅白の丸い大きいお餅が主流であった一升餅を小さく小分けにして、そのなかにハート型にした餅を入れる一升餅をつくった。

サプライズから生まれた〝幸せのお裾分け〟という名の一升餅。写真をインスタであげるなりたくさんの反響をいただき、今では『いち福』を代表する商品の1つとなったのである。

⑥新しい試み

『いち福』のイチオシは串だんごだが、ほかにもさまざまな商品を取り揃えている。例えば、毎年1、2月限定で販売する生チョコ大福。これは、口のなかでとろける生チョコの食感が特徴の商品で、白餡とともに餅のなかに包む生チョコも手づくりしている。毎年リピーターの多い季節大福だ。

2月から4月までつくっている苺大福の苺は、宮城県の大崎市古川でつくられている〝とちおとめ〟。3Lサイズの大粒な苺を使用しているため食べ応えのある大きさで、苺のフレッシュさを存分に味わっていただくために白餡を使用している。

もっとも大きい特徴は、餅の生地にも苺を練り込んでいて、白い生地に赤くマーブルに染まった苺大福は食べる前から苺の香りが漂う春の人気商品である。

レモン大福

夏になると販売するレモン大福も人気で、内側からミルククリーム、クリームチーズ、生レモン果汁とドライレモンピールを練り込んだ白餡で3層にしたレモン餡を、レモンが練り込まれた餅の生地で包む。爽やかで、甘酸っぱく、コクのある大福は『いち福』の季節大福のなかでも、隠れファンが多い、こだわりの一品だ。

秋につくる栗大福は、フランス産のマロンを一粒使用しその周りにこし餡と蒸して丁寧に裏漉《うらご》しした栗きんとんを包んだ3層構造でできている。栗のおいしさが口いっぱいに広がる秋の逸品。

このような商品は、元パン職人である、姉のアイディアから生まれた商品である。

姉は和洋をうまく取り入れた大福を考えるのが上手で、手間を惜しまないそのつくり方

小豆バナナ大福

苺大福

生チョコ大福

栗大福

はまさに職人である。

そんな姉がつくった新作の小豆バナナ大福も売れ行き好調で、やわらかい大福生地のなかのホイップクリームと小豆の甘さが、中心に入っているバナナのおいしさを引き立たせている。冬限定の商品なのに冷やして食べていただく変わり種だ。暖かい部屋で食べる冷えた小豆バナナ大福は思い出しただけでも喉がなる絶妙な大福である。

父親譲り、姉の職人気質の菓子づくりは妥協を許さない。自分が考えた商品は最初から最後まで自分がやらないと気が済まない性格で、たまにやりすぎて疲れてしまうこともあるが、出来上がる商品は精密機械のように完璧で、常に『いち福』の技術の要となっている。


「次はさつまいもを使ったのもいいね」

「芋ね。安納芋とか紅はるかとかおいしいもんなぁ。羊羹とかつくってみようかな」

「それおいしそう。食べたい。女子は芋、栗、かぼちゃ好きだからね」

「じゃつくってみようかな。ちょっと八百屋行ってきていい？」

「どうぞどうぞ、いってらっしゃい」

兄と姉の会話は、常に楽しくおいしい商品を追い求めている。話の方向性が決まると兄はすぐに行動を始め、早速買い物に行きイメージを膨らます。

「紅はるか使った干し芋かぁ……。これも使いたいなぁ。芋ようかんはあるけど干し芋ようかんってのは聞いたことないもんな。面白そうだな。とりあえずやってみよう」

なんて考えながら買い出しに行っているのだろう。

兄は頭のなかでお菓子をつくることができる。もともと小さいころから本を読むのが好きな兄は、今でもよく図書館に行き食材や調味料の専門書みたいなものを借りてきて読んでいる。例えば、砂糖のことだけが詳しく書いてある書籍を読んだりしているので、私のような食に対して知識の浅い人間の質問ぐらいはササっと答えてくれる。

「これ何でグラニュー糖でつくるの？」

「コクがなくてサラッとした甘さだからお菓子づくりには結構使うよ。まあ和菓子だと上白糖とか高級だと和三盆とか使うけど、洋菓子系はだいたいグラニュー糖じゃないかな。クセがないから料理とか飲み物そのものの味を活かすときに使うんだよ」

「じゃ〝しょうゆだれ〟に使う中ざらは何でなの？」

「あれはまろやかにしてくれんのさ。中ざら糖はよく煮物とかに使うよ。おふくろの味的な〝しょうゆだれ〟もそうじゃん、懐かしい味。あの感じを出せんのよ」

兄はそんな知識と雑学を活かしながらの菓子づくりをする。さきほど話が出ていた干し芋はというと、きっちり商品化している。「紅はるかの干し芋ようかん」という名の蒸しようかんは、角切りにした紅はるかのさつま芋がぎっしりとようかんのなかに入っていて、その表面には、こちらも紅はるかのさつま芋でつくった干し芋を隙間なくびっしりのせている。

じっくり蒸し上げた干し芋の表面をバーナーで炙ったらできあがり。〝もっちり〟というか〝もったり〟とした食感は、もう一口食べたくなるようなあと引く味わい。口のなかではさつまいも本来の優しい甘さが広がり、炙った干し芋は香ばしいアクセントを加えている。『いち福』の秋の新定番になるような商品に仕上がっている。

兄の頭のなかで想像した菓子は、実際の商品になって販売される。商品化された菓子を自分の接客で販売する兄は、いつにも増して得がたい喜びの顔になっているのだ。

酒好きの兄は、自分が食べたいと思う物をつくる。時には、大人のわらび餅として、シナモンと胡椒を入れてつくってみたり、果物を片っ端からドライフルーツにしてみたり、ナッツに飴をからめて、きな粉をまぶしてキャラメルナッツという商品をつくったり。

私からすると、兄は仕事をしているのか自分の酒のアテをつくることに情熱を注いでいるのかわからなくなるときがある。兄が本気で自分の食べたいものをつくったとき、その独特な商品はどれも一度食べるとクセになり、しばらくすると病みつきになるから不思議だ。

このような感じで商品開発は上の者（兄と姉）に任せている。二人が新しい菓子をつく

干し芋ようかん

ってくれることで、『いち福』は少しずつ前進する。
　私もこれから自分にできることは何でも挑戦してみようと思っている。前に進まなくても少し後ろに下がっても、その場で足踏みしてもいいから決して『いち福』の足を止めないように。

ICHIFUKU

第8章 だんごが導く明るい未来

父が始めた『いち福』も2021年で35年目となる。

宮城県仙台市若林区若林という土地で変わらず今も続けていられるのは、紛れもなく地域の方々のおかげだと思っている。大変お世話になったこの地域には、これからも恩返ししなければならないと考えている。恩返しと言うと少しあつかましいが、今の『いち福』にできることをしたいと思っているだけだ。

例えば、保育施設や福祉施設、近くの学校などに出向き、だんごや和菓子を通して、つくることの楽しさや食べることの大切さなどを伝えていけたらいいなと思っている。そのときは、私が教員として働いていたときの経験が役に立つのではないかとも思っている。

おいしさのベネフィットという言葉を聞いたことはあるだろうか？　それは〝おいしし

い〟と感じる要因を分析したもので、つまり、人はなぜ〝おいしい〟と思うのかということ。

まず1つに、生理的に必要なものが〝おいしい〟となる。お腹がすくといつもよりご飯をおいしく感じたり、疲れると甘いものが欲しくなるみたいなことで、体が欲求するものを取ったときに〝おいしい〟と感じるのだ。

2つ目は、自分が育ってきた食文化に合うもの。いわゆる国、民族、地域、家庭などの環境により小さいころから慣れ親しんだ味にも人は〝おいしい〟と感じる。

次に、情報の〝おいしさ〟。これは、人間特有のこと、つまり実際にそれを味わって〝おいしいか〟という問題よりも、どういうものがおいしいのかという情報のほうが優先されている。例えば、目で見る情報で人はおいしさを感じる。インスタグラムの写真を見て食べたことがないのに目の情報だけで〝おいしそう〟と感じている。人間はそういった情報を〝おいしい〟と感じるのだ。

その他にあるのが薬理学的なおいしさだ。「油」「砂糖」「だし」には、病みつきになるおいしさがあって、中毒性の高い食べ物は大概3つの組み合わせか、3つのうちのどれかでつくられている。そして、それを食べたときに人は〝おいしい〟と感じる。

そして最後。猿は食事を取るときに仲間同士集まって餌を食べるのだそう。人間も一人で食べるご飯よりも、気の合う仲間で食べたほうが〝おいしい〟と感じているのではないだろうか。

このような話をしながら地域とのつながりをもつのも面白いのではないかと考えている。『いち福』もだんごのおいしさを伝えるために地域に慣れ親しんだ味となり、食べておいしいだけじゃなく情報を伝えてさらにおいしそうと思ってもらう。そして、人が集まるような、人と来たくなるような、人に話したくなるような店づくりをしていきたいと思っている。

父からバトンを受けた私たち三兄姉弟は、それぞれが目指すモノや成し遂げたい夢は微妙に違っている。みんなの目標が同じ方向を向いていることがベストだとは思わない。違っているから面白いモノが出来上がったり、たくさんの挑戦ができる。

そのためにすることはシンプルだ。お互いに尊敬と尊重を欠かすことなく三兄姉弟が仲良くやっていくことだと思う。それは両親が生きる姿勢を通して伝えてくれたことでもあるような気がする。

父と母は私たち三兄姉弟にどんな願いと想いがあったのだろう？　まさか三人でだんご屋をやっていくなんて思ってもみなかっただろうな。

今では、ありがたいことに北海道や九州など、全国からお客様に来ていただくことも増えた。休日には１２００本のだんごが数時間で完売する。

手づくりでつくれる本数には限りがあって、お客様にご迷惑をおかけすることも多いが、父の味を多くの方に食べていただけることは感慨深く、何よりも嬉しいことだ。

新しい『いち福』

三人の現在

おわりに

父がセカンドキャリアで始めただんご屋を、セカンドキャリアで三兄姉弟が受け継ぐ。いつからだって、どんな職業にだってなれる。寿司職人から、バーテンダーから、パン職人から、美容師からだんご屋になった私たち家族がそれを身をもって証明しているのではないだろうか。

私が思うセカンドキャリアは、単に「第2の人生における職業」というものではない。自分の持っている得意を何かと掛け合わせることで築けるものだと考えている。

例えるなら、寿司屋がだんご屋になっただけならただの転職だ。でも、寿司職人がそれまでやってきた技術と経験を活かして、シャリとして使っていた米を新しくだんごとして生まれ変わらせ、新しく事業をスタートさせるようなこと。これこそが私が思う、本当の意味でのセカンドキャリアだ。

セカンドキャリアというと重大な出来事だと大きく考えてしまいがちだが、決してそうではない。まず小さく一歩踏み出してみるということだ。自分ができることと、好きでやりたいことを小さく一歩踏み出せばいい。

自分の好きなことは案外何かと掛け合わせたり、混ぜたり、乗せたり、並べたり、料理をすると新しい何かができたりする。美容と和菓子を混ぜてみたり、パンと和菓子を掛け合わせたり、お酒のとなりにだんごを並べたり、みたいに。自分だけのオリジナルをつくるのだ。

自分に何もないという人は、まずは笑えることを見つけてみよう。自分が笑えるということはそれが好きということだ。好きという感情は自分だけのオリジナルである。そのオリジナルこそがセカンドキャリアの始まりなのである。

父は生前、仕事の合間や暇な時間に、家の向かいにある婚礼や宴会などの仕出しをしている料理屋さんで寿司の握りを頼まれたりしていた。

本格的な江戸前寿司が入った仕出しは、お客様にも料理屋さんにも喜ばれていた。そのときはもうだんご屋を始めていたころだったので、父は父で久々に腕前が披露できると張り切っていて、頼まれた仕事もすごく楽しそうにしている様子だった。

家でも父は、たまに寿司ネタを揃えて即席の寿司屋を開店させていた。家にある小さいテーブルに寿司ネタを綺麗に並べて子どもたちに笑いかけながら接客する。

「はい、何握りましょ」

「俺マグロ！」

「私はエビ！」

「じゃ俺はタコ！」

兄姉弟で一斉に答えると
「あいよっ！　マグロ、エビ、タコね！」

父が目の前で握ってくれる寿司を三人は前のめりになって見ていた。

「へいお待ち！　マグロ。こちらエビ。そしてタコですね！」

「いただきまーす！」

父の握る寿司はシャリが少し温かく、口のなかでホロホロッと崩れる。あの握りたての食感が今でも忘れられない。小さいころに私が寿司好きになったきっかけの味、あの優しい味わい。

父が20年以上寿司職人だった事実に揺らぎはなく、求められる技術と場所があれば、いつだって役に立って人を楽しませることができるということを、身をもって教えてくれた。

これまでやってきたことを、なかったことにして無駄にするのか、どうやったらこれからに活かすことができるのか、それは自分の考え方次第で大きく変化する。

「自分がやりたいと思うことをやりなさい」

「決めたことは身に付くまでやりなさい」

「自分に何もないときは上を向いて笑顔でいなさい」

父が言った言葉である。『いち福』で新しいことを始めるとき、私は必ずこの言葉を思い出す。

やったことがなくても、自信がなくても、不安があっても、興味があってやりたいと思ったことは、できるだけやる。やると決めたことは、下手でも苦手でも、とにかく毎日続ける。

そうして不安が自信に変わるとき、続けてやってきたことは、自分の支えとなり、次への目標につながる橋となる。その架け橋は、持てば持つほど自分をいろんな場所へとつないでくれる。

今、『いち福』という小さい島には、そんな架け橋がたくさんある。面白くなるような架け橋だらけだ。

寿司、お酒、パン、美容、米、餅、小麦、職人、教員、ハサミ、シェイカー、パンナイフ、「だんご3兄弟」、「サザエさん」。なんだって架け橋になる。どんな橋だって渡ってみよう。渡りきった次の島には、きっと新しい出会いや発見がある。

渡れず失敗して帰って来てもいい。そこでした経験と失敗は、やがて自分たちの支えとなる。『いち福』という小さい島に戻ったらまた、今度はもっと頑丈な橋をつくって渡ればいいのだから。

これを実行していれば、きっとこれからのいろいろな困難な状況にだって笑って前向きに対応できる。

最近ではＹｏｕＴｕｂｅも始め、だんご屋にできることの可能性を模索している。この執筆活動も、その可能性の１つである。

これからもできることがあるならやってみよう。挑戦はいつかきっと心の支えとなる。三人の『いち福』はこれからいったいどこへ向かうのだろう。

まぁ、いろいろ考えたって仕方ない。人生は楽しんだもん勝ち。最後に笑っていればそれでよしだ。

さて、前に進もう。次はどんな橋を渡ろうか。

編集協力／橋本雅生
ＤＴＰ／廣瀬梨江

【著者紹介】
岩間隆司（いわま たかし）
1980年、宮城県仙台市生まれ。2000年、「mod's hair 仙台店」で美容師としてスタート。2007年、「chippendale vintage」を立ち上げ独立。2011年、東日本大震災を経験後「仙台国際美容専門学校」にて教員をする。2015年、父のだんご屋「いち福」に入社。2016年、父のだんご屋を引きつぎ兄姉弟3人で合同会社「仙臺だんご いち福」を設立。

いち福《ふく》 小《ちい》さなだんご屋《や》のはなし

2021年5月28日 第1刷発行

著 者 岩間隆司
発行人 久保田貴幸

発行元 株式会社 幻冬舎メディアコンサルティング
〒151-0051 東京都渋谷区千駄ヶ谷4-9-7
電話 03-5411-6440（編集）

発売元 株式会社 幻冬舎
〒151-0051 東京都渋谷区千駄ヶ谷4-9-7
電話 03-5411-6222（営業）

印刷・製本 中央精版印刷株式会社
装 丁 PYOSEONGMIN

検印廃止

ISBN 978-4-344-93311-8 C0095
幻冬舎メディアコンサルティングHP
http://www.gentosha-mc.com/